U0875740

21世纪高等学校规划教材

JIXIE SHEJI JICHU SHIYAN JIAOCHENG

机械设计基础实验教程

主编　薛铜龙
编写　杨乃积　王福荣　禹建功
主审　齐秀丽

中国电力出版社
CHINA ELECTRIC POWER PRESS

内 容 提 要

本书为21世纪高等学校规划教材。

本书主要包括绪论、机械设计基础各实验项目的内容及思考题、机械设计基础各实验项目的实验报告三部分。

本书可作为高等院校机械类专业机械原理、机械设计、机械设计基础等课程的实验教材，也可供工程技术人员参考。

图书在版编目（CIP）数据

机械设计基础实验教程/薛铜龙主编．—北京：中国电力出版社，2009.6（2019.8重印）

21世纪高等学校规划教材

ISBN 978-7-5083-8713-0

Ⅰ．机… Ⅱ．薛… Ⅲ．机械设计-实验-高等学校-教材 Ⅳ．TH122-33

中国版本图书馆CIP数据核字（2009）第056573号

中国电力出版社出版、发行

（北京市东城区北京站西街19号 100005 http://www.cepp.sgcc.com.cn）

三河市航远印刷有限公司印刷

各地新华书店经售

*

2009年6月第一版 2019年8月北京第四次印刷

787毫米×1092毫米 16开本 6.5印张 149千字

定价 **18.00** 元

版 权 专 有 侵 权 必 究

本书如有印装质量问题，我社营销中心负责退换

前　言

为了适应高等院校机械类课程教学改革的需求，加强培养具有动手实践能力、创新能力的高素质人才，编者在河南理工大学现有的机械原理、机械设计和机械设计基础实验课程的基础上，根据多年改革与实践逐渐形成的多层次、多形式以及灵活的机械设计基础课程实验体系编写了本书。

机械设计基础实验是工科高等院校普遍开设的实验课程，对于培养学生的工程实践能力、综合设计与分析能力、科学研究能力及创新能力起着重要的作用。针对机械设计基础课程的教学学时及实验条件，将实验分为基本实验、综合设计型实验、研究创新型实验，以满足不同层次和不同专业实验教学的需要，同时在实验教学中采取必做、选做、开放实验等灵活多样的方式开设实验。

本书主要内容包括绪论、实验项目及内容和实验报告三部分内容，并在每一个实验后面附有思考题。

本书由河南理工大学薛铜龙担任主编。具体编写分工如下：薛铜龙（前言、第1章）；禹建功（第2、3章的实验1、实验2、实验10～实验12）；王福荣（第2、3章的实验3～实验7）；杨乃积（第2、3章的实验8和实验9）。

本书由山东科技大学齐秀丽教授主审，提出了宝贵意见，在此表示衷心的感谢。

限于编者水平，书中难免有疏漏和不妥之处，恳请广大读者批评指正。

编　者

2009年4月

目　录

第1章 绪 论

1.1 机械设计基础实验的目的和任务

教育要面向未来，现代教育理念已从知识型教育、智能型教育走向素质教育、创新教育。高等教育在探索如何实施以人的全面发展为价值取向的素质教育过程中，逐步认识到实验教学和理论教学具有同等重要的地位和作用。

实验教学的重点在于让学生自己动手。实验是认识世界的一个重要源头，学生通过实验可以牢固地确立实验先于理论、理论源于实验的科学世界观，不仅从理论课上接受知识，还要自己通过实验去学习知识，在实践中运用知识，真正掌握知识，最终在实践中创造和发展知识。

实验教学是理论知识与实践活动、间接经验与直接经验、抽象思维与形象思维、传授知识与训练技能相结合的过程。要在实验教学中培养学生的创新能力，就要重视实验教学的方法，使实验课程成为学生有效地学习和掌握科学技术与研究科学理论和方法的途径，学生通过一定量的有水平的实验和有计划的实验操作技能训练，可以扩大知识面，增强实验设计能力、实际操作能力，提高分析和解决问题的能力，培养科研协作精神，使自身素质得到全面提高。

机械设计基础实验是机械设计基础课程的重要实践环节，其教学目标是使学生认知机械设备与装置，掌握绘制实际机构运动简图的技能，以及对简单机械参数测试的手段，加深对基本理论的理解和验证，培养学生的测试技能，提高学生独立思考、分析和解决问题的能力，获得实际操作的基本工程训练和对实验结果进行分析的能力。

在实践中培养学生的创新意识和创新能力尤为重要，开设具有创新性的实验对培养学生创新意识和创新素质有很大帮助，在培养学生的全局教育中起着重要作用。

在实验教学中强调独立动手能力和运用实验方法研究机械能力的培养，培养学生理论联系实际，独立分析、解决实际问题的能力，实事求是、严谨的工作作风，以及爱护国家财产的良好品德。

实验中尽量采用先进的测试方法和数据处理方式，逐步创造启发式和开放式实验条件，使学生能自选和自行设计实验项目，提高实验能力，以适应培养跨世纪人才的需要。

1.2 机械设计基础实验的内容

针对机械设计基础课程教学学时的要求及实验条件，将实验分为基本实验、综合设计型实验、研究创新型实验三大类型，并采取必修、选修、开放实验等灵活多样的方式开设实验。基本实验使学生对所学的理论知识有更深的认识和理解，让学生通过实验来验证课堂所学的理论；综合设计型实验使学生掌握机械系统的工作原理、承载特性、影响因素分析方法，了解典型机械零件的实验方法和力学参数、机械量的测定原理和方法，进一步了解机器性能指标的重要性，促进学生在机械设计中能力的提高，有利于培养学生的动手实践能力和分析解决问题的能力；研究创新型实验重在培养学生的创新意识和创新能力。此外，通过提供开放性实验，为学有余力的同学提供个性化培养条件，实现因材施教，使优秀学生得到更好的锻炼和个性化发展。具体实验项目见表1-1。

表1-1　　机械设计基础实验项目

实验类型	实验名称
基本实验	机构及机构组成认知实验 零件与部件认知实验 机构测绘实验 渐开线齿轮的范成实验 渐开线直齿圆柱齿轮的参数测定实验
综合设计型实验	机构运动参数测量实验 带传动实验 滑动轴承实验 轴系结构设计实验 减速器拆装实验
研究创新型实验	机构运动方案创新设计实验 机械传动系统性能综合测试与分析实验

1.3　机械设计基础实验的学习方法

通过对机械设计基础实验的学习和实践，学生应学会基本的机械实验方法与实验技术，具备一定的科学实验能力。

一、实验学习的方法

1. 有正确的科学理论指导

正确的科学理论指导是成功完成一个实验的根本保证，只有掌握实验内容涉及的专业理论知识和实验仪器有关的测试技术，才能顺利、成功地完成实验，满足实验要求，达到实验目的。

2. 要观察与思考相结合

在实验进程中，要注意认真观察和积极地思考，要及时发现实验过程中出现的各种现象，从而有效地获取可靠的实验数据和结果。不论是基本实验，还是综合设计型和研究创新型实验，对观察到的实验现象和获取的实验数据都要认真地进行反复思考和探究，寻其根本。对于实验过程中出现的不理想或者意外的数据和结果，均需寻根问底，直到找到问题的症结所在。

实验学习过程中，要敢于问为什么，要培养善于思考、严谨求实的科学作风。

3. 要提高动手实践能力和创新能力

实验作为实践教学中的一个重要环节，旨在通过实验巩固、加深和拓展所学理论知识的同时，提高学生的动手实践能力，包括实验仪器和设备的操作能力、实验数据的分析与处理能力、实验报告的撰写能力等。通过研究创新型实验，培养科学研究的基本素质和能力，培养创新意识、创新思维、创新技法和创新能力。

4. 要培养团队协作精神

机械设计基础实验与机械工程实际相联系，有一定的规模和复杂程度，因此在实验过程中往往需要多人的协同合作。本课程中的很多实验都需要以小组的形式组织完成，不仅需要每个组员均能独立完成部分实验工作，而且还需要成员之间具有相互沟通、交流和配合的能力，从而在实验过程中培养团队协作精神和合作能力。

二、实验学习的步骤

实验不仅需要学生有一个正确的学习态度，而且需要有一个正确的学习方法。现将实验的学习步骤归纳为如下几方面。

1. 预习

预习是做好实验的前提和保证，预习工作可以归纳为看、查、写。

(1)“看”就是要认真阅读实验项目的有关章节、有关教科书及参考资料，做到明确目的、了解实验原理，熟悉实验内容、主要操作步骤及数据的处理方法，提出注意事项，合理安排实验时间。

(2)“查”就是要通过查阅附录或有关手册，列出实验所需的数据。

(3)“写”就是要在“看”和“查”的基础上认真做好预习笔记。

2. 讨论

实验前以提问的形式，师生共同讨论，以掌握实验原理、操作要点和注意事项。观看操作录像或由教师操作示范，使基本操作规范化。

实验后组织课堂讨论，对实验现象、结果进行分析，对实验操作和实验结论进行评说，以达到共同提高的目的。

3. 实验

按拟定的实验方案和实验步骤操作，既要胆大，又要心细，仔细观察实验现象，认真测定实验数据，并做到边实验、边思考、边记录。

观察到的现象和测定的数据，要如实记录在报告本上；不用铅笔记录，不记在草稿纸、小纸片上；不凭主观意愿删去自己认为不对的数据，不杜撰原始数据；原始数据不得涂改或用橡皮擦拭，若有记错可在原始数据上划一道横线，再在旁边写上正确值。

实验中要勤于思考，仔细分析，力争自己解决问题。碰到疑难问题可查资料，亦可与同学或指导教师讨论。如果对实验现象有所怀疑，在分析和查找原因的同时，可以进行对照实验或自行设计实验进行核对，必要时应多次实验，从中得到有益的结论。如果实验失败，要检查原因，经指导教师同意后重做实验。

4. 实验分析

做实验仅是完成实验的一半，更为重要的是分析实验现象、整理实验数据，把直接的感性认识提升到理性思维阶段。要认真、独立完成实验报告，对实验现象进行解释，对实验数据进行处理（包括计算、作图、误差分析），得出结论。

分析误差产生的原因，对实验现象及出现的一些问题进行讨论，敢于提出自己的见解。对实验提出改进的意见或建议，回答问题。

5. 实验报告

要求按格式书写，字迹端正，叙述简明扼要，实验记录、数据处理使用表格形式，作图准确清楚。

第2章　实验项目及内容

实验1　机构及机构组成认知实验

一、概述

机构及机构组成认知实验的目的是将部分基本教学内容转移到实物模型陈列室进行教学，是机械原理和机械设计基础课程的重要教学环节。通过认知实验，可增强学生对机构运动形式的感性认识，弥补空间想象力和形象思维能力的不足；加深对教学基本内容的理解；促进学生自学能力和独立思考能力的提高。此外，丰富的实物模型有助于学生扩大知识面、激发学习兴趣。

二、实验目的

（1）了解机器的组成原理，加深对机器的总体感性认识。

（2）了解机器中常用机构的结构、类型、特点及应用。

（3）了解常用机构的运动原理和分析方法，使学生对机构的感性认识上升为理性认识。

三、实验原理

通过观察机构及机构组成陈列柜（见图2-1）中展示的各种常用机构模型，增强学生对机器与机构的感性认识。实验教师作简单介绍，提出问题，供学生思考。学生通过观察，对机器的组成，常用机构的结构、类型、特点有一定的了解。

图2-1　机构及机构组成陈列柜

1. 机器

观察陈列柜展示的机器模型和机构，使学生认识到机器是由一个机构或几个机构按照一定运动要求组合而成的。因此掌握各种机构的运动特性，有利于研究各种机器的特性。在机械原理中，运动副是以两构件的直接接触形式的可动连接及运动特征来命名的，如高副、低副、转动副、移动副等。

2. 平面四杆机构

四杆机构在平面连杆机构中结构最简单，应用最广泛。四杆机构分为三大类，即铰链四杆机构、单移动副机构和双移动副机构。

（1）铰链四杆机构分为曲柄摇杆机构、双曲柄机构、双摇杆机构，划分依据是两连架杆为曲柄或摇杆。

（2）单移动副机构是以一个移动副代替铰链四杆机构中的一个转动副演化而成的，分为曲柄滑块机构、曲柄摇块机构、转动导杆机构、摆动导杆机构等。

（3）双移动副机构是带有两个移动副的四杆机构，将其倒置也可得到曲柄移动导杆机构、双滑块机构及双转块机构。

3. 凸轮机构

凸轮机构主要用于把主动件的连续运动转变为从动件按照预定规律的运动。通过设计凸轮廓线可使从动件获得任意的运动规律。凸轮机构主要由三部分组成，即凸轮、从动件和机架。凸轮有特定的廓线，从动件由凸轮廓线控制。凸轮机构结构简单、紧凑，因此广泛应用于各种机械。

4. 齿轮机构

齿轮机构是现代机械中应用最广泛的一种传动机构。根据轮齿的形状齿轮分为直齿圆柱齿轮、斜齿圆柱齿轮、圆锥齿轮及蜗轮蜗杆。根据主、从动轮的两轴线相对位置，齿轮传动分为平行轴传动、相交轴传动、交错轴传动三大类。

(1) 平行轴传动的类型包括外、内啮合直齿轮机构，斜齿圆柱齿轮机构，人字齿轮机构，齿轮齿条机构等。

(2) 相交轴传动的类型包括圆锥齿轮机构。轮齿分布在一个截锥体上，两轴线夹角常为90°。

(3) 交错轴传动的类型包括螺旋齿轮机构、圆柱蜗轮蜗杆机构、弧面蜗轮蜗杆机构等。

齿轮机构具有传动准确、可靠，运转平稳，承载能力大，体积小，效率高等优点，广泛应用于各种机器中。

齿轮基本参数有齿数 z、模数 m、分度圆压力角 α、齿顶高系数 h_a^*、顶隙系数 c^* 等。仔细观察这部分，掌握渐开线的概念、渐开线的形成、基圆和渐开线发生线的概念、渐开线的性质，同时注意总结齿数、模数、压力角等参数变化对齿形的影响。

5. 周转轮系

通过观察各种周转轮系的动态模型演示，了解定轴轮系、周转轮系含义。周转轮系又分为行星轮系和差动轮系，注意区分它们的异同点。并了解差动轮系将一个运动分解为两个运动或将两个运动合成为一个运动的原理。

6. 其他常用机构

其他常用机构有棘轮机构、槽轮机构、摩擦式棘轮机构、不完全齿轮机构、万向联轴器以及非圆齿轮机构等。通过这些机构的动态演示，了解各种机构的运动特点及应用范围。

7. 机构的串、并联

观察陈列柜中展示的实际应用的机器设备、仪器仪表的运动机构，进一步认识机器都是由一个或几个机构按照一定的运动要求串、并联组合而成的。因此只有掌握好各类基本机构的运动特性，才能更好地去研究复杂机构乃至任何机构的特点。

四、实验设备

机构及机构组成陈列柜，如图 2-1 所示，陈列柜各柜名称及内容见表 2-1。

表 2-1　　机构及机构组成陈列柜各柜名称及内容

名　称	内　容
第1柜：机器与机构	前言、内燃机、蒸汽机、缝纫机、运动副
第2柜：平面连杆机构的基本形式	铰链四杆机构、单移动副机构、双移动副机构
第3柜：平面连杆机构的应用	机构运动简图、连杆机构

续表

名　称	内　容
第 4 柜：凸轮机构的形式	盘形、移动、等宽、等径、圆锥、圆柱等凸轮
第 5 柜：齿轮传动的各种类型	平行轴传动、相交轴传动、交错轴传动
第 6 柜：齿轮的基本特性	渐开线齿轮各部分名称、渐开线形成、摆线形成
第 7 柜：轮系的基本形式	周转轮系、定轴轮系、周转轮系功用
第 8 柜：间歇运动机构	棘轮机构、槽轮机构、齿轮式间歇机构
第 9 柜：组合机构	串联机构、并联机构、反馈机构、叠合组合
第 10 柜：空间连杆机构	空间四杆机构、空间五杆机构、空间六杆机构

五、实验步骤

（1）参观陈列柜中各种机器、机构的组成，工作原理等。

（2）听取指导教师的讲解或观看录像，思考提出的问题。

六、思考题

（1）以一个机器（如采煤机、提升机、液压支架等）为例，说明该机器由哪些机构组成，其基本工作原理是怎样的。

（2）平面铰链四杆机构是如何分类的？举例说明其基本类型的应用。

（3）凸轮机构中按推杆的端部形状不同可分为哪几种类型？各种类型的主要特性有哪些？

（4）轮系是如何进行分类的？试举例说明轮系在生产实践中的应用。

实验2 零件与部件认知实验

一、概述

零件与部件认知实验是将部分基本教学内容转移到实物模型陈列室进行教学，是机械设计和机械设计基础课程的重要教学环节。通过认知实验，既可以增强学生对机械零部件的感性认识，弥补空间想象力和形象思维能力的不足，又可以加深对教学基本内容的理解，促进学生自学能力和独立思考能力的提高。此外，丰富的实物模型有助于学生扩大知识面、激发学习兴趣。

二、实验目的

（1）了解机器的组成。

（2）了解常见零件的结构、类型、特点、用途、基本原理及其运动特性。

（3）了解机械零件典型失效形式及特点，掌握机械零件失效分析的一般方法和步骤，了解机械零件失效的原因及提高机械零件承载能力的对策。

（4）了解各种常用的润滑剂及相关国家标准。

（5）通过对机械零部件、机械结构及装配的展示与分析，增加直观认识，培养对机械设计课程学习的兴趣。

三、实验原理

（一）连接

1. 螺纹连接

螺纹连接是利用螺纹零件工作的，主要用做紧固零件。基本要求是保证连接强度和连接可靠性，应了解以下四方面内容：

（1）螺纹的种类。常用的螺纹主要有普通螺纹、米制锥螺纹、管螺纹、梯形螺纹、矩形螺纹和锯齿螺纹。前三种主要用于连接，后三种主要用于传动。除矩形螺纹外，均已标准化。

（2）螺纹连接的基本类型。常用的螺纹连接有普通螺栓连接、双头螺柱连接、螺钉连接、紧定螺钉连接。除此之外，还有一些特殊结构连接，如专门用于将机座或机架固定在地基上的地脚螺栓连接、装在大型零部件的顶盖或机器外壳上便于起吊用的吊环螺钉连接、应用在设备中的T形槽螺栓连接等。

（3）螺纹连接的防松。螺纹连接防松的根本问题在于防止螺旋副在负载时发生相对转动。防松的方法按其工作原理可分为摩擦防松、机械防松、铆冲防松等。摩擦防松简单、方便，但没有机械防松可靠。对于重要连接，特别是在机器内部不易检查的连接，应采用机械防松。常见的摩擦防松方法有对顶螺母、弹簧垫圈、自锁螺母等；常见的机械防松方法有开口销与六角开槽螺母、止动垫圈、串联钢丝等；常见的铆冲防松方法主要是将螺母拧紧后把螺栓末端伸出部分铆死，或利用冲头在螺栓末端与螺母的旋合处打冲，利用冲点防松。

（4）标准连接零件。标准连接零件一般是指由专业企业按国标（GB）成批生产，供应市场的零件。这类零件的结构形式和尺寸都已标准化，设计时可根据相关标准选用。通过实验，学生要做到：区分螺栓与螺钉；了解各种标准化零件的结构特点、使用情况；了解各类零件的标准代号，以提高学生对标准化的意识。常用的标准连接零件包括螺栓、螺母、螺钉、垫圈等。

2. 键、花键及销连接

(1) 键连接。

键是一种标准零件，通常用来实现轴与轮毂之间的周向固定以传递转矩，有的还能实现轴上零件的轴向固定或轴向滑动的导向。

主要类型包括平键连接、楔键连接、切向键连接。各类键使用的场合不同，键槽的加工工艺也不同。可根据键连接的结构特点、使用要求、工作条件来选择，键的尺寸则应根据标准规格和强度要求来取定。

(2) 花键连接。

花键连接是由外花键和内花键组成。适用于定心精度要求高、载荷大或经常滑移的连接。花键连接的齿数、尺寸、配合等均按标准选取，可用于静连接或动连接。按其齿形可分为矩形花键和渐开线花键，前一种由于多齿工作，具有承载能力高、对中性好、导向性好、齿根较浅、应力集中较小、轴与轮毂强度削弱小等优点，广泛应用于飞机、汽车、拖拉机、机床、农业机械传动装置中；渐开线花键连接，受载时齿上有径向力，能起到定心作用，使各齿受力均匀，具有强度、寿命长等特点，主要用于载荷较大、定心精度要求较高以及尺寸较大的连接。

(3) 销连接。

销用来固定零件之间的相对位置时，称为定位销，它是组合加工和装配时的重要辅助零件；用于连接时，称为连接销，可传递不大的载荷；用于安全装置中的过载剪断元件时，称为安全销。

销有多种类型，如圆锥销、圆柱销、槽销、开口销等，均已标准化。各种销都有其各自的特点，如圆柱销多次拆装会降低定位精度和可靠性，而锥销在受横向力时可以自锁，安装方便，定位精度高，多次拆装不影响定位精度等。

对于以上三种连接，通过展柜参观的学生要仔细观察其结构，使用场合，并能分清和认识以上各类零件。

（二）机械传动

机械传动包括带传动、链传动、齿轮传动、蜗杆传动、螺旋传动等。各种传动都有其不同的特点和使用范围，这些传动知识在学习“机械设计基础”、“机械设计”课程中都有详细地讲解。在这里主要通过实物观察，增加同学们对各种机械传动知识的感性认识，为今后的理论学习及课程设计打下良好基础。

1. 带传动

带被张紧（预紧力）压在两个带轮上，主动轮通过摩擦使带得到带动后，再通过摩擦带动从动带轮转动。它具有传动中心距大、结构简单、超载打滑（减速）等特点。带传动常有平带传动、V带传动、多楔带传动、同步带传动等。

(1) 平带传动结构最简单，带轮容易制造，在传动中心距较大的情况下应用较多。

(2) V带是一种整圈、无接缝、质量均匀的传动带，在同样张紧力下，V带传动与平带传动相比能产生较大的摩擦力，又因其传动比较大、结构紧凑，且标准化生产，故应用广泛。

(3) 多楔带传动兼有平带和V带传动的优点，柔性好、摩擦力大、传递功率大，且能解决因多根V形带长短不一使各带受力不均匀的问题。主要用于传递功率较大且结构要求紧凑的场合，传动比可达10，带速可达40m/s。

(4) 同步带是沿带的纵向制有很多齿，带轮轮面也制有相应齿，它靠齿的啮合进行传动，具有使带与轮的速度一致的特点。

2. 链传动

链传动是由主动链轮的轮齿带动链后，又通过链带动从动链轮，属于带有中间挠性件的啮合传动。与属于摩擦传动的带传动相比，链传动无弹性滑动和打滑现象，能保持准确的平均传动比，传动效率高。按用途不同可分为传动链传动、输送链传动、起重链传动。输送链和起重链主要用在运输和起重机械中，而在一般机械传动中，常用的是传动链。

(1) 传动链有短节距精密滚子链（简称滚子链）、齿形链等。

在滚子链中为使传动平稳，结构紧凑，宜选用小节距单排链，当速度高、功率大时则选用小节距多排链。

齿形链又称无声链，它是由一级带有两个齿的链板左右交错并列铰链而成。齿形链设有导板，以防止链条在工作时发生侧向窜动。与滚子链相比，齿形链具有传动平稳、无噪声、承受冲击性能好、工作可靠的特点。

(2) 链轮是链传动的主要零件，链轮齿形已标准化，链轮设计主要是确定其结构尺寸，选择材料、热处理方法等。

3. 齿轮传动

齿轮传动是机械传动中最重要的传动之一，形式多、应用广泛。其主要特点有效率高、结构紧凑、工作可靠、传动比稳定等，可做成开式、半开式、封闭式传动。失效形式主要有轮齿折断、齿面点蚀、齿面磨损、齿面胶合、塑性变形等。

常用的渐开线齿轮有直齿圆柱齿轮传动、斜齿圆柱齿轮传动、标准锥齿齿轮传动、圆弧齿圆柱齿轮传动等。齿轮传动啮合方式有内啮合、外啮合、齿轮与齿条啮合等。参观时需了解各种齿轮的特征、主要参数的名称、几种失效形式的主要特征。

4. 蜗杆传动

蜗杆传动是在空间交错的两轴间传递运动和动力的一种传动机构，两轴线交错的夹角可为任意角，常用的为90°。

蜗杆传动具有以下特点：

(1) 当使用单头蜗杆（相当于单线螺纹）时，蜗杆旋转一周，蜗轮只转过一个齿距，因此能实现大传动比传动。在动力传动中，一般传动比为5～80；在分度机构或手动机构的传动中，传动比可达300；若只传递运动，传动比可达1000。

(2) 由于传动比大，零件数目又少，因而结构很紧凑。

(3) 在传动中，蜗杆齿是连续不断的螺旋齿，与蜗轮啮合是逐渐进入与逐渐退出，故冲击载荷小，传动平衡，噪声低。

(4) 当蜗杆的螺旋线升角小于啮合面的当量摩擦角时，蜗杆传动便具有自锁性。

(5) 蜗杆传动与螺旋传动相似，在啮合处有相对滑动，当速度很大，工作条件不够良好时会产生严重摩擦与磨损，引起发热，摩擦损失较大，效率低。

根据蜗杆形状的不同可分为圆柱蜗杆传动、环面蜗杆传动和锥面蜗杆传动。通过实验学生应了解蜗杆传动结构及蜗杆减速器种类和形式。

（三）轴系零、部件

1．轴承

轴承是现代机器中广泛应用的部件之一。轴承根据摩擦性质不同分为滚动轴承和滑动轴承两大类。滚动轴承由于摩擦系数小、启动阻力小，而且已标准化，选用、润滑、维护都很方便，因此在一般机器中应用较广。滑动轴承按其承受载荷方向的不同分为径向滑动轴承和止推轴承；按润滑表面状态不同可分为液体润滑轴承、不完全液体润滑轴承和无润滑轴承（指工作时不加润滑剂）；根据液体润滑承载机理不同又可分为液体动压润滑轴承（简称液体动压轴承）和液体静压润滑轴承（简称液体静压轴承）。

2．轴

轴是组成机器的主要零件之一。一切做回转运动的传动零件（如齿轮、蜗轮等）都必须安装在轴上才能进行运动及动力的传递。轴的主要功用是支承回转零件并传递运动和动力。

按承受载荷的不同，轴可分为转轴、心轴和传动轴三类；按轴线形状不同，可分为曲轴和直轴两大类，直轴又可分为光轴和阶梯轴。光轴形状简单，加工容易，应力集中源少，但轴上的零件不易装配、定位；阶梯轴正好与光轴相反。所以光轴主要用于心轴和传动轴，阶梯轴则常用于转轴。此外，还有一种钢丝软轴（挠性轴），它可以把回转运动灵活地传到狭小的空间位置。

轴的失效形式主要是疲劳断裂和磨损。防止失效的措施有：从结构设计上，力求降低应力集中（如减小直径差、加大过渡圆半径等，可详看实物）；提高轴的表面品质，包括降低轴的表面粗糙度，对轴进行热处理或表面强化等。

轴上零件的固定，主要是轴向和周向固定。轴向固定可采用轴肩、轴环、套筒、挡圈、圆锥面、圆螺母、轴端挡圈、轴端挡板、弹簧挡圈、紧定螺钉方式；周向固定可采用平键、楔键、切向键、花键、圆柱销、圆锥销、过盈配合等方式。

轴看似简单，但轴的知识、内容都比较丰富，完全掌握是很不容易的。只有通过理论学习加实践知识的积累（多看、多观察）来逐步掌握。

（四）弹簧

弹簧是一种弹性元件，它可以在载荷作用下产生较大的弹性变形。在各类机械中应用十分广泛。

弹簧的种类比较多，按承受的载荷不同可分为拉伸弹簧、压缩弹簧、扭转弹簧和弯曲弹簧四种；按形状不同又可分为螺旋弹簧、环形弹簧、碟形弹簧、板簧、平面涡卷弹簧等。观看时要看清各种弹簧的结构、材料，并能与名称对应起来。

（五）润滑剂及密封

1．润滑剂

润滑剂不仅可以降低摩擦、减轻磨损、保护零件不遭锈蚀，而且在采用循环润滑时还能起到散热降温的作用。由于液体的不可压缩性，润滑油膜还具有缓冲、吸振的能力。使用膏状润滑脂，既可防止内部润滑剂外泄，又可阻止外部杂质侵入，避免加剧零件的磨损，起到密封作用。

润滑剂可分为气体、液体、半固体和固体四种基本类型。在液体润滑剂中应用最广泛的是润滑油，包括矿物油、动植物油、合成油和各种乳剂；半固体润滑剂主要是指各种润滑脂，它是润滑油和稠化剂的稳定混合物；固体润滑剂是任何可以形成固体膜以减少摩擦阻力的物质，如石墨、二硫化钼、聚四氟乙烯等；任何气体都可作为气体润滑剂，其中用得最多的是空气，主要用在气体轴承中。各类润滑剂润滑原理、性能在“机械设计”、“机械设计基础”的教学过程中都会讲授。学生们不但要了解展柜展出油剂、脂剂的各种实物，还要了解润滑方法与润滑装置，以及相关的国家标准。

2. 密封

机器在运转过程中，特别是在气动、液压传动中，需润滑剂、气、油润滑、冷却、传力保压等工作措施，在零件的接合面、轴的伸出端等处容易产生油、脂、水、气等的渗漏。为了防止这些渗漏，常需采用一些密封的措施。密封方法和类型很多，如填料密封、机械密封、O形圈密封、迷宫式密封、离心密封、螺旋密封等。这些密封广泛应用在泵、水轮机、阀、压气机、轴承、活塞等部件的密封中。学生在参观时应认清各类密封零件及应用场合。

四、实验设备

机械零件与部件陈列柜，如图2-2所示，陈列柜各柜名称及内容见表2-2。

图2-2 机械零件与部件陈列柜

表2-2 机械零件与部件陈列柜各柜名称及内容

名　称	名　称
第1柜：常用标准螺纹连接件	第10柜：滑动轴承
第2柜：常用标准件及螺旋传动	第11柜：联轴器
第3柜：键、销及其连接	第12柜：典型滚动轴承的组合设计
第4柜：铆接、焊接、胶接和过盈配合	第13柜：轴的类型及轴上零件应用
第5柜：带传动	第14柜：离合器
第6柜：链传动	第15柜：弹簧
第7柜：齿轮传动	第16柜：轴的典型结构及轴上零件固定方法
第8柜：蜗轮与蜗杆结构	第17柜：润滑与密封
第9柜：滚动轴承	第18柜：机座及箱体

五、实验步骤

(1) 认真阅读和掌握相关的理论知识，仔细聆听教师的讲解并思考其提出的问题。

(2) 观察常见机械零件的类型、用途、基本原理及运动特性，回答教师提出的问题。

(3) 观察和思考常见机械零件的失效形式及其特征。

六、思考题

(1) 传动带按截面形式分哪几种类型？带传动有哪几种失效形式？

(2) 传动链有哪几种类型？链传动的主要失效形式有哪些？

(3) 齿轮传动有哪些类型？各有何特点？齿轮的失效形式主要有哪几种？

(4) 蜗杆传动的主要类型有哪几种？蜗杆传动的主要失效形式有哪几种？

(5) 轴按承载情况分为哪几种类型？轴常见的失效形式有哪些？

(6) 轴承根据工作时的摩擦性质分为哪几种类型？其主要失效形式有哪几种？

(7) 联轴器与离合器各分为哪几种类型？各满足哪些基本要求？

(8) 弹簧的主要类型和功用是什么？

(9) 可拆卸连接和不可拆卸连接的主要类型有哪些？

实验3　机构测绘实验

一、概述

在设计新的机械或对现有机械进行分析研究时，需要画出能表明其组成情况和运动情况的机构运动简图。机构运动简图是一种用简单的线条和符号来表示工程图形的语言，要求能够表明机构的种类，描述出各机构相互传动的路线、运动副的种类和数目、构件的数目等。机构运动简图应选择在能清楚表明主要机构或能看到大多数构件的平面做视图平面。在图上还应标出与运动有关的尺寸，如构件上两铰链中心之间的距离（即两转动副之间的距离）、移动构件上铰链中心运动线的位置（导向）、各固定铰链的位置等。

二、实验目的

（1）提高对机构和简单机械的认知能力。

（2）通过对实际机械或机构模型的直接测绘，掌握绘制机构运动简图的方法。

（3）验证机构自由度的计算。

（4）加深对机构组成原理的了解。

三、实验原理

机械中的实际机构，其结构往往比较复杂，机构的运动情况与构件的外形、断面尺寸和运动副大小无关，仅取决于机构中连接各构件的运动副类型、运动副的相对位置尺寸、原动件的运动规律。因此，在进行机构的分析和综合时，所绘制的旨在表达机构各个构件之间的相对运动关系和运动特性的图形，必须撇开构件和运动副的具体形状和结构，根据构件间的相对运动性质，确定各运动副的类型，然后按一定的比例，用运动副的代表符号和简单线条绘出机构运动简图，这样既简单明了又保持机构的运动特征不变。常用平面运动副符号见表2-3。

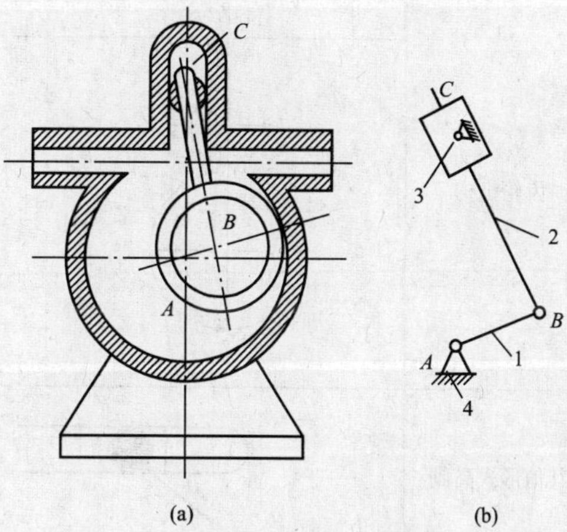

图2-3　泵的模型及机构运动简图

（a）泵的模型；（b）泵的机构简图

1—偏心轮；2—连杆；3—摇块；4—机架

图2-3（a）所示为泵的模型，图2-3（b）所示为泵的机构运动简图。

表2-3　**常用平面运动副符号**

名　称	代　表　符　号	
	两运动构件构成的运动副	两构件之一为固定件时构成的运动副
转动副	 	 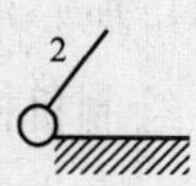

续表

<table>
<tr><td rowspan="2">名　称</td><td colspan="6">代　表　符　号</td></tr>
<tr><td colspan="3">两运动构件构成的运动副</td><td colspan="3">两构件之一为固定件时构成的运动副</td></tr>
<tr><td>移动副</td><td colspan="3">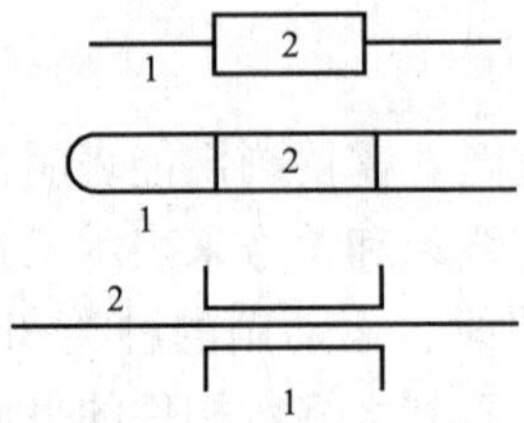</td><td colspan="3">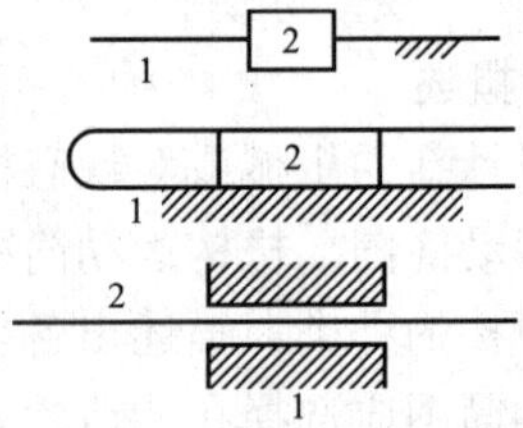</td></tr>
<tr><td rowspan="2">凸轮机构</td><td colspan="2">尖顶推杆</td><td colspan="2">滚子推杆</td><td colspan="2">平顶推杆</td></tr>
<tr><td colspan="2">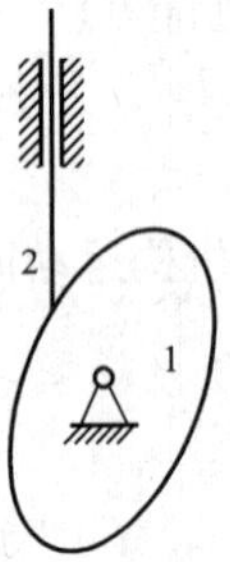</td><td colspan="2">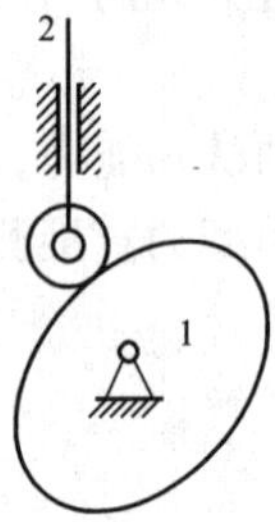</td><td colspan="2">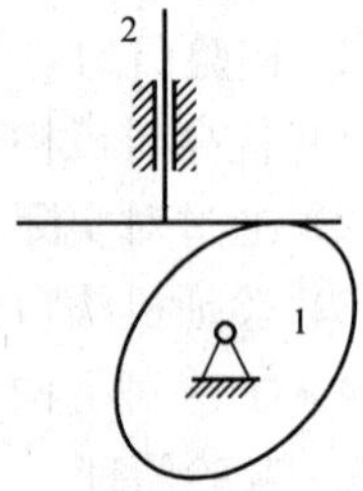</td></tr>
<tr><td rowspan="2">齿轮机构</td><td colspan="2">外啮合</td><td colspan="2">内啮合</td><td colspan="2">齿轮齿条啮合</td></tr>
<tr><td colspan="2">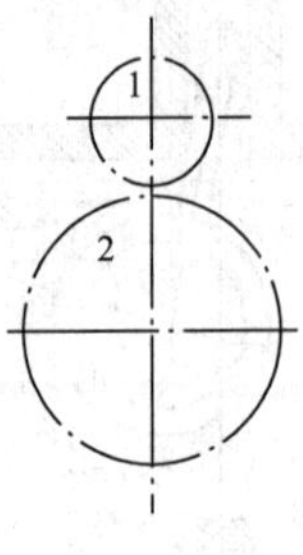</td><td colspan="2">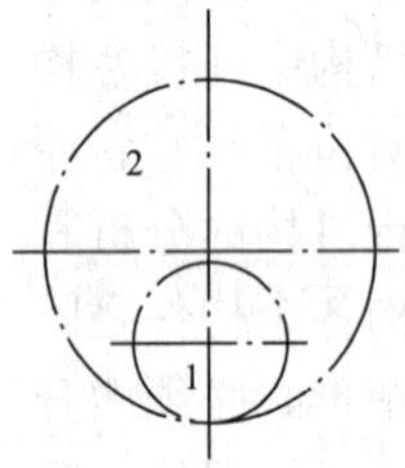</td><td colspan="2">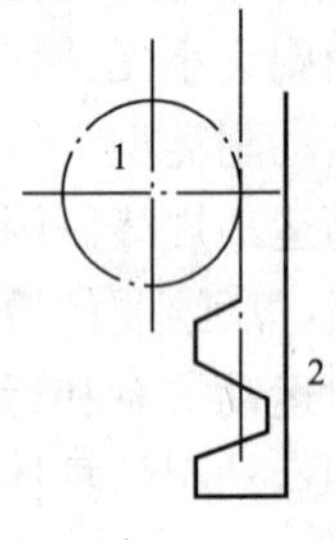</td></tr>
<tr><td>其他形式高副</td><td colspan="3">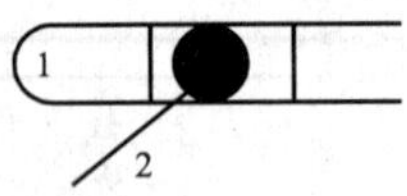</td><td colspan="3">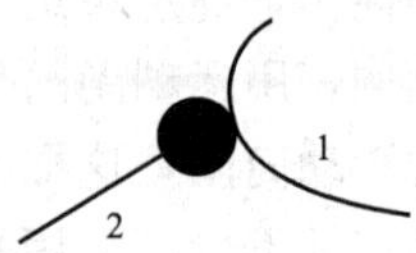</td></tr>
</table>

绘制泵的机构运动简图经以下三个步骤可得。

(1) 确定构件数目：该泵由机架 4、偏心轮 1（原动件）、连杆 2 和摇块 3 共四个构件组成。

(2) 确定运动副类型：偏心轮 1 相对机架 4 绕 A 点做回转运动，故构件 1 和构件 4 组成转动副，其转动中心为 A。连杆 2 相对偏心轮 1 绕 B 点做回转运动，故也组成转动副，其转动中心为 B。连杆 2 相对于摇块 3 沿导路 B—C 移动，故连杆 2 与摇块 3 组成移动副。摇块 3 相对于机架 4 绕圆心 C 点做回转运动，故摇块 3 与机架 4 组成转动副，其转动中心为 C。

(3) 绘制机构运动简图：首先选定视图平面，绘制机构示意图（草图）；其次计算自由度 $F=3\times3-2\times4=1$，计算所得与实际相符；再次测量机构运动尺寸，确定比例尺。最后绘制机构运动简图，如图 2-3（b）所示。

四、实验设备

（1）若干机构和机器的模型（如曲柄滑块泵、曲柄摇块泵模型、剪床模型、装订机模型、牛头刨床模型、抛光机模型等）。

（2）学生自备直尺、铅笔、橡皮擦、三角板、圆规、草稿纸等。

五、实验步骤

（1）找出机构主动件和从动件，驱动主动件使机构缓慢运动，观察机构的组成情况和运动情况。

（2）从主动件开始，确认活动构件及其数目以及固定构件（机架）。

（3）按照运动的传递顺序，仔细观察两连接构件之间的接触性质及相对运动，以确认运动副的类型，并找出各运动副的数目。

（4）合理选择视图平面，一般选择与绝大多数构件的运动平面相平行的平面作为视图平面。按照所选的视图平面，在草稿纸上从原动件开始按各构件连接次序，用规定的运动副符号和简单的构件线条画出机构示意图，依次用数字表示各构件，用字母表示各运动副。

（5）计算机构自由度，判断被测机构的运动是否确定，并与实际模型或实物相对照，观察是否相符。

（6）仔细测量与机构运动有关的尺寸（如转动副间的中心距、移动副导路的位置或角度等），以确定机构位置。

（7）选取适当的比例尺，画出机构运动简图。

长度比例尺 μ_L＝构件的实际长度(m)/简图上所画的构件长度(mm)

六、思考题

（1）一张正确的机构运动简图应包括哪些必要的内容？

（2）机构运动简图的功用是什么？

（3）绘制机构运动简图时，原动件位置能否任意选定？会不会影响机构运动简图的正确性？

（4）机构自由度大于或小于原动件数会产生什么结果？

（5）在本次实验中是否遇到复合铰链、局部自由度或虚约束等情况，机构自由度计算中如何处理？说明它们在实际机构中所起的作用。

实验 4 渐开线齿轮的范成实验

一、概述

直齿圆柱齿轮机构多数是用来传递两平行轴间的运动和动力的，由于其传动平稳可靠，效率高，因此得到了广泛应用。齿轮齿廓的制造方法很多，其中以用范成法制造最为普遍。因此，有必要对这种方法的基本原理及齿廓的形成过程加以研究。

二、实验目的

（1）模拟用范成法切制渐开线齿轮的过程，了解用范成法加工渐开线齿轮齿廓的原理。

（2）进一步了解渐开线标准齿轮产生根切的原因和变位齿轮的概念。

（3）分析比较标准齿轮和变位齿轮在形状、几何尺寸等方面的异同点。

三、实验原理

范成法是根据齿轮啮合原理进行齿轮加工的常用方法。范成法加工齿轮是利用一对齿轮互相啮合时，齿廓曲线互为包络线的原理。齿轮轮坯的瞬心线（加工节圆）和齿条刀的瞬心线（加工节线）对滚，刀具齿廓即可包络出被加工齿轮的齿廓。范成法加工齿轮时，需将刀刃形成包络线的各个位置记录下来，才能看清轮齿的范成过程。做本实验时，用图纸做轮坯，用齿轮范成仪来实现刀具与轮坯的对滚，再用笔将刀刃的各个位置画在轮坯上，就清楚地显示出轮齿的范成过程。渐开线齿轮范成仪的构造如图 2-4 所示。

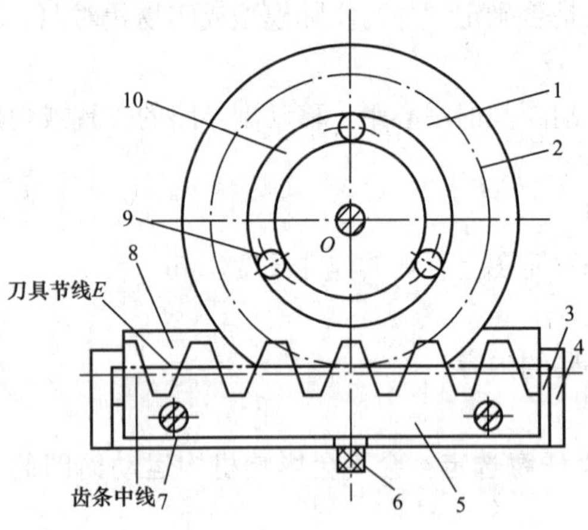

图 2-4 渐开线齿轮范成仪

1—托盘；2—钢丝；3—滑架；4—底座；5—齿条；6—螺旋；7、9—螺钉；8—刀架；10—压环

图纸托盘 1 可绕固定轴 O 转动，钢丝 2 绕在托盘 1 背面代表分度圆的凹槽内，钢丝两端固定在滑架 3 上，滑架 3 装在水平底座 4 的平导向槽内。所以，在转动托盘 1 时，通过钢丝 2 可带动滑架 3 沿水平方向左右移动，并能保证托盘 1 上分度圆周凹槽内的钢丝中心线所在圆（代表被切齿轮的分度圆）始终与滑架 3 上的直线 E（代表刀具节线）作纯滚动，从而实现对滚运动。代表齿条型刀具的齿条 5 通过螺钉 7 固定在刀架 8 上，刀架 8 架在滑架 3 上的径向导槽内，旋动螺旋 6，可使刀架 8 带着齿条 5 沿垂直方向相对于托盘 1 中心 O 作径向移动。因此，齿条 5 既可以随滑架 3 作水平移动，与托盘 1 实现对滚运动，又可以随刀架 8 一起作径向移动，用以调节齿条中线与托盘中心 O 之间的距离，以便模拟变位齿轮的范成切削。

齿条 5 的模数为 m（一般等于 1.5mm 或 2.5mm），压力角为 20°，齿顶高与齿根高均为 $1.25m$，只是牙齿顶端的 $0.25m$ 处不是直线而是圆弧，用以切削被切齿轮齿根部分的过渡曲线。当齿条中线与被切齿轮分度圆相切时，齿条中线与刀具节线 E 重合，此时齿条 5 上的标尺刻度零点与滑架 3 上的标尺刻度零点对准，这样便能切制出标准齿轮。

若旋动螺旋 6，改变齿条中线与托盘 1 中心 O 的距离（移动的距离 xm 可由齿条 5 或滑架 3 上的标尺读出，x 为变位系数），则齿条中线与刀具节线 E 分离或相交。若相分离（如图 2-4 所示），此时齿条中线与被切齿轮分度圆分离，但刀具节线 E 仍与被切齿轮分度圆相切，这样便能切制出正变位齿轮；若相交，则切制出负变位齿轮。

四、实验设备

(1) 齿轮范成仪一台。

(2) 直径 200mm 白纸一张。

(3) 圆规、三角板、铅笔等。

五、实验步骤

(1) 根据已给的 $m=20\text{mm}$，$z=9$，$\alpha=20°$，算出被加工齿轮的分度圆、齿顶圆、齿根圆和基圆直径，并在坐标纸上画出分度圆、基圆。

(2) 计算变位系数值。

(3) 在坐标纸上用一半画出标准齿轮齿顶圆、齿根圆，另一半画出变位齿轮的齿顶圆、齿根圆和极限啮合点 N（自 P 作基圆之切线即得切点 N，如图 2-5 所示）。

(4) 分别按零变位、正变位在坐标纸的对称位置上画出齿条齿廓的包络线——渐开线（此项在实验仪器上进行）。

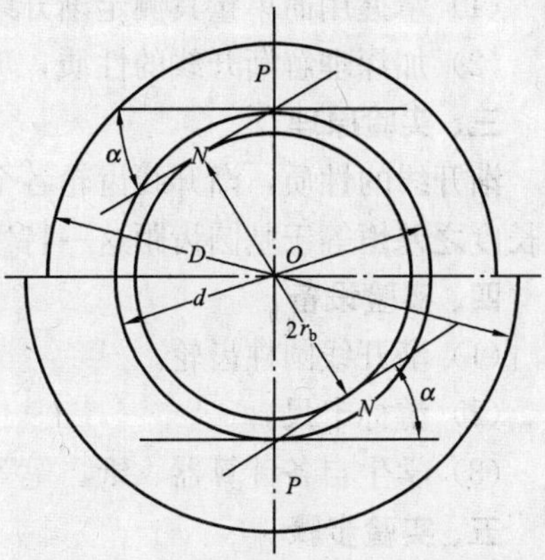

图 2-5 标准齿轮与变位齿轮的齿顶圆、齿根圆和极限啮合点

六、思考题

(1) 在理论上用零变位描绘出的齿廓曲线是否发生根切现象？你做的结果如何？

(2) 除了用齿条（刀具）变位的方法避免根切外，还有没有其他方法？

(3) 变位齿轮的基圆压力角、分度圆压力角和齿顶圆压力角是否与标准齿轮的相同？

实验 5　渐开线直齿圆柱齿轮的参数测定实验

一、概述

渐开线圆柱齿轮是齿轮传动中使用最为普遍的齿轮。正确掌握渐开线圆柱齿轮参数的测定方法，对学习其他各种齿轮传动都有重要的基础作用。或者当没有图纸资料而又需要修配损坏的齿轮时，通常需要进行实物测定以确定齿轮的参数。因此，必须了解齿轮中一些基本参数的测量方法。

二、实验目的

（1）掌握用简单量具测定渐开线圆柱齿轮基本参数的方法。

（2）加深理解渐开线的性质，巩固并熟悉齿轮各部分尺寸与基本参数之间的相互关系。

三、实验原理

渐开线的性质，渐开线齿轮各个参数之间的关系，特别是（$k+1$）个齿和 k 个齿的公法线长度之差恒等于基圆齿距这一特性。

四、实验设备

（1）渐开线圆柱齿轮。

（2）游标卡尺。

（3）学生自备计算器、纸、笔等文具。

五、实验步骤

1. 确定齿轮齿数 z

直接数出一对被测齿轮的齿数 z_1 和 z_2。

2. 确定齿轮的模数 m 和压力角 α

齿轮的模数 m 和压力角 α 可以通过测量公法线长度 W_k 而求得，如图 2-6 所示，当量具的测足在被测齿轮上跨 k 个齿时，其公法线长度为

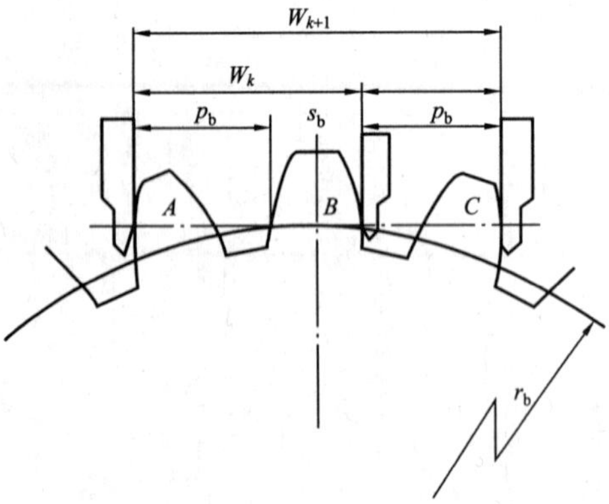

图 2-6　齿轮模数和压力角的测定

$$W_k=(k-1)p_b+s_b$$

同理，若跨 $k+1$ 个齿时，其公法线长度为

$$W_{k+1}=kp_b+s_b$$

所以
$$W_{k+1}-W_k=p_b \tag{2-1}$$

又因
$$p_b=p\cos\alpha=\pi m\cos\alpha$$

所以
$$m=\frac{p_b}{\pi\cos\alpha} \tag{2-2}$$

式中　p_b——被测齿轮的基圆周节，可由式(2-1)求得。

分度圆压力角 α 可能是 15°，也可能是 20°，故分别用 15°和 20°代入式（2-2）算得两个模数，其数值最接近于标准模数的一组 m 和 α，即是被测齿轮的模数 m 和压力角 α。

为了使量具的测足能保证与齿廓的渐开线部分相切，所需的跨齿数不能随意定，其受齿

数、压力角、变位系数等多种因素的影响，实验时可初步参照表 2－4 查出。

表 2－4 跨齿数 k 与齿数 z 的对照表

z	12～18	19～27	28～36	37～45	46～54	55～63	64～72	73～81
k	2	3	4	5	6	7	8	9

3. 测定齿顶高系数 h_a^* 和顶隙系数 c^*

为了测定 h_a^* 和 c^*，应先测出齿根圆直径 d_f。对于齿数为偶数的齿轮，d_f 可用游标卡尺直接测出。对于齿数为奇数的齿轮，则需用间接法进行测量。由图 2－7 可知，$d_f = D_k + 2H$。由此可求得齿根高 h_f 的测定值为

$$h_f = \frac{mz - d_f}{2}$$

而齿根高的计算公式为

$$h_f = m(h_a^* + c^*) \qquad (2-3)$$

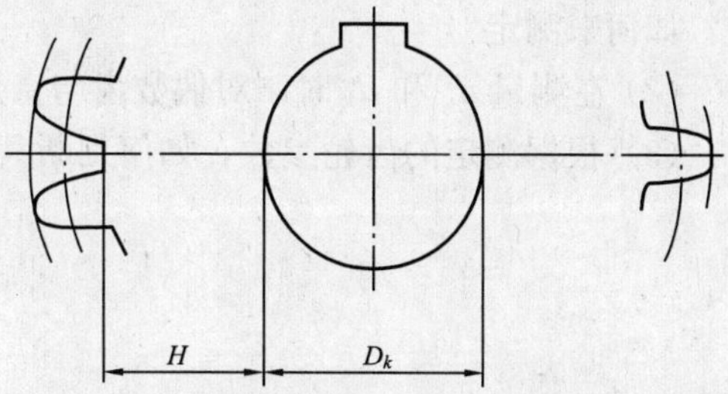

图 2－7 测定 h_a^* 和 c^*

其中仅 h_a^* 和 c^* 为未知。因为不同齿制的 h_a^* 和 c^* 都是已知的标准值，故以正常齿制的 $h_a^* = 1$、$c^* = 0.25$ 和短齿制的 $h_a^* = 0.8$、$c^* = 0.3$ 两组标准值分别代入式（2－3），看哪一组最接近于 h_f 的测定值，则哪一组 h_a^* 和 c^* 即为所求。

4. 判断被测齿轮是否为标准齿轮，并确定齿轮的变位系数 x

若测出的齿顶圆直径 d_a 和齿根圆直径 d_f 符合按下述公式计算出的数值（或与之相近），则被测齿轮为标准齿轮。

$$d_a = m(z + 2h_a^*)$$
$$d_f = m(z + 2h_a^* - 2c^*)$$

若测出的齿顶圆直径 d_a 和齿根圆直径 d_f 与按上式求出的数值相差较多，则被测齿轮为变位齿轮。当测量值均大于计算值时，被测齿轮为正变位齿轮；反之则为负变位齿轮。

判定一个齿轮是标准齿轮还是变位齿轮，最好是将其公法线长度的测量值 W'_k 和理论计算 W_k 加以比较，若 $W'_k = W_k$，则被测齿轮为标准齿轮；若 $W'_k \neq W_k$，则被测齿轮为变位齿轮，其变位系数 x 可按下式求得

$$x = \frac{W'_k - W_k}{2m\sin\alpha}$$

若 $x > 0$ 则被测齿轮为正变位齿轮；若 $x < 0$ 则被测齿轮为负变位齿轮。

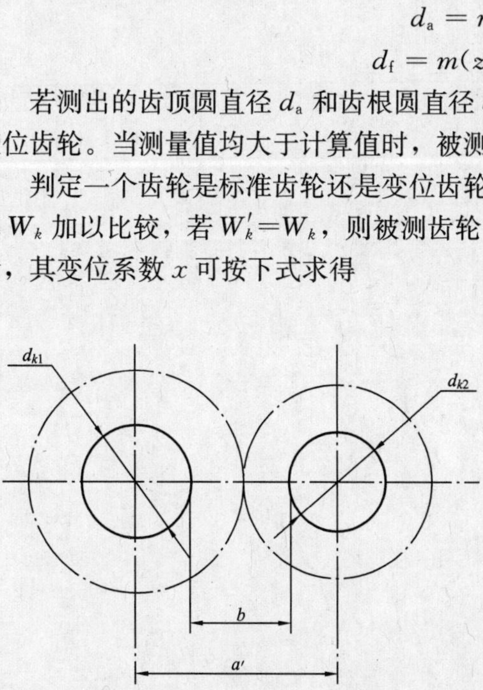

图 2－8 中心距 a' 的测定

5. 确定一对相互啮合齿轮的啮合角 α' 和中心距 a'

首先判定一对被测齿轮能否相互啮合，若满足正确啮合条件，则将该对齿轮做无齿侧间隙啮合，用游标卡尺直接测量齿轮的孔径 d_{k1}、d_{k2} 及尺寸 b，其测定方法如图 2－8 所示，由式（2－4）可得齿轮的测量中心距 a'，即

$$a' = b + \frac{1}{2}(d_{k1} + d_{k2}) \tag{2-4}$$

然后由式（2-5）计算啮合角 α'。分别将实际中心距 a' 与标准中心距 a、实际啮合角 α' 与标准压力角 α 加以对照，分析该对齿轮组成的传动类型及特征。

$$\alpha' = \arccos\left[\frac{m(z_1 + z_2)\cos\alpha}{2a'}\right] \tag{2-5}$$

六、思考题

（1）当分度圆上的压力角 α 及齿顶高系数 h_a^* 的大小未知时，那么本实验的参数能否测定？如何来测定？

（2）在测量 d_a 和 d_f 时，对偶数齿与奇数齿的齿轮在测量方法上有何不同？

（3）根据测定的齿轮参数，如何判断其能否正确啮合？怎样判别其传动类型？

实验6 机构运动参数测量实验

一、概述

所谓机构的运动分析是在已知机构尺寸的情况下，根据原动件的运动规律对机构中其他构件上某些点的位移、轨迹、速度和加速度，以及这些构件的角位移、角速度和角加速度进行分析和测定。

通过对机构的运动分析，可以了解机构中各构件速度或加速度的变化规律，检验其能否满足工作机械对运动性能的要求，同时为进一步研究机械的动力性能提供必要的理论依据。

机构运动参数的测定实验是利用电测手段或微机对所研究的机械进行实验测定，以获得在实际工作状态下，机构的运动参数和力学参数，从而为分析和评价机械是否符合设计要求提供实测依据。

二、实验目的

(1) 了解位移、速度、加速度的测定方法；角位移、角速度、角加速度的测定方法；转速、回转不匀率的测定方法。

(2) 加深对机构“运动参数”的感性认识，了解机构中构件的运动规律。

(3) 了解利用微机软硬件对运动参数进行测定的基本原理，掌握其基本方法。

(4) 利用计算机对平面机构的结构参数进行优化设计，然后通过计算机对该平面机构的运动进行仿真和测试分析，从而实现计算机辅助设计与计算机仿真和测试分析有效的结合，培养学生的创新意识。

(5) 利用计算机的人机交互功能，使学生可在软件界面说明文件的指导下，独立自主的进行实验。

三、实验原理

(1) 本实验采用曲柄滑块机构及曲柄导杆机构综合实验台（也可采用其他各类实验机构），其原动力采用直流调速电机，电机转速可在0～3600r/min范围作无级调速。经蜗轮蜗杆减速器减速，机构的曲柄转速为0～120r/min。该机构活动构件杆长、平衡质量、位置可调。该机构的动态参数测试包括用角速度传感器采集曲柄滑块的运动参数，用加速度传感器采集整机振动参数，并通过A/D板进行数据处理和传输，最后输入计算机绘制各实测动态参数曲线。通过测定这些参数可以使学生清楚了解机构的结构参数及运动参数对机构性能的影响。

本实验台配置的计算机软件，通过建模可对该机构进行运动模拟，对曲柄滑块及整机进行运动仿真，并做出相应的动态参数曲线，可与实测曲线进行比较分析。同时还可以得出速度波动调节的飞轮转动惯量及平衡质量，从而使学生对曲柄滑块机构的运动学和动力学（机械真实运动规律，速度波动调节）有一个完整的认识。

本实验台配置的计算机软件，还可用三种不同的设计方法，根据基本要求，设计出符合预定运动性能和动力性能要求的曲柄滑块机构。另外还提供了连杆运动轨迹仿真，可做出不同杆长，以及连杆上不同点的运动轨迹，为平面连杆机构按运动轨迹设计提供了方便、快捷的虚拟实验方法。

（2）本实验用到凸轮机构综合实验台，由八种运动规律的凸轮、三种推杆（尖顶和滚子）组成，凸轮的偏心距可调，该机构的动态参数测试包括用角速度传感器采集曲柄滑块的运动参数，用加速度传感器采集整机振动参数，并通过 A/D 板进行数据处理和传输，最后输入计算机绘制各实测动态参数曲线。通过这些参数的测定可使学生清楚了解各种运动规律的凸轮机构及其动力特性。

实验台配置的计算机软件，通过建模可对该机构进行运动模拟，对凸轮推杆机构进行运动仿真，并做出相应的动态参数曲线，可与实测曲线进行比较分析。同时还可以得出速度波动调节的飞轮转动惯量及平衡质量，从而使学生对凸轮机构的运动学和动力学、机构真实运动规律、速度波动调节有一个完整的认识。

本实验台配置的计算机软件提供了根据压力角是否满足要求和运动是否“失真”来判断程序，并提示凸轮基本参数（基圆半径、滚子半径、偏心距）的调整方向和大小。

四、实验设备

（1）ZNH—A/1 曲柄导杆滑块机构综合实验台。

（2）ZNH—A/2 曲柄摇杆机构实验台。

（3）ZNH—A/3 凸轮机构综合实验台。

（4）彩色打印机、计算机和仿真软件。

五、实验步骤

（1）打开计算机，运行相应的实验测试分析及运动分析软件，详细阅读软件中的相关操作说明。

（2）启动相应实验设备，调定电动机运转速度。

（3）待实验设备运行稳定后，由实验测试分析及运动分析软件的主界面选定具体实验项目，进入该实验界面。

（4）点击该实验界面中“实测”键，计算机将自动进行数据采集及分析，并作出相应的动态参数实测曲线。

（5）点击该界面中的“仿真”键，计算机对该机构进行运动仿真，并作出其动态参数的理论曲线。

（6）用抓捕软件复制理论曲线和实测曲线及对应的参数。

（7）如果要做其他项目的实验，点击“返回”键，返回主界面，再次选定实验项目，其余步骤同前。

（8）分析比较理论曲线和实测曲线，并编写实验报告。

六、思考题

（1）分析曲柄导杆机构的机架长度、滑块偏置尺寸对运动参数的影响。

（2）分析曲柄滑块机构、曲柄导杆机构的滑块运动线图的异同点。

实验 7 机构运动方案创新设计实验

一、概述

机构运动方案创新设计是一个具有创新性的设计过程，旨在培养学生的创新意识和创新设计的能力。本实验是基于杆组的叠加原理而设计的。主要应用于机构组成原理的拼接设计实验、课程设计和毕业设计中机构运动方案的设计实验、课外科技活动（如机械设计大赛）中的机构运动方案创新设计实验。

二、实验目的

（1）加深对平面机构组成原理、结构组成的认识，熟悉杆组概念，了解机构运动特点。

（2）利用若干不同的杆组，拼接各种不同的平面机构，以培养机构创新设计能力及综合设计能力。

（3）通过对实际机械结构的拼接，训练学生的工程实践动手能力。

三、实验原理

任何机构都是由若干个基本杆组依次连接到原动件和机架上而构成的。机构具有确定运动的条件是其原动件数等于机构的自由度数。因此机构可以拆分为机架、原动件和自由度为零的构件组。其中自由度为零的构件组还可以拆分成更为简单的自由度为零的构件组，将最后不能再拆的、最简单的、自由度为零的构件组称为组成机构的基本杆组，简称杆组。

由杆组定义知，组成平面机构的基本杆组应满足条件：

$$F = 3n - 2P_l - P_h = 0$$

式中：n 为杆组中的构件数；P_l 为杆组中低副数；P_h 为杆组中高副数。

由于构件数和运动副数均应为整数，故当 n、P_l、P_h 取不同值时，可得各类基本杆组。

1. 高副杆组

若 $n=P_l=P_h=1$ 时即可获得单构件高副杆组，常见形式如图 2-9 所示。

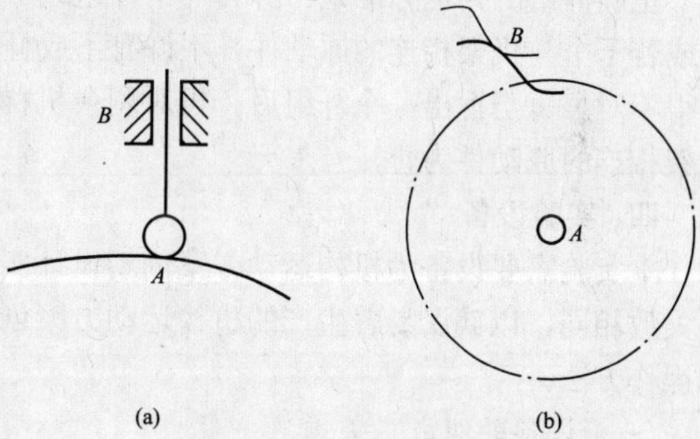

图 2-9 单构件高副杆组

2. 低副杆组

若 $P_h=0$，杆组中运动副均为低副，称为低副杆组，即

$$F = 3n - 2P_l = 0$$

因此满足上式的构件数和运动副数的组合为 $n=2$，4，6，…；$P_l=3$，6，9，…。

其中最简单的杆组为 $n=2$，$P_l=3$，称为Ⅱ级组。Ⅱ级组是应用最多的基本杆组，由于杆组中转动副和移动副的配置不同，Ⅱ级杆组共有五种形式，如图 2-10 所示。

$n=4$，$P_l=6$ 的杆组称为Ⅲ级组，其形式较多，图 2-11 所示为四种常见的Ⅲ级杆组。

根据上述分析可知：任何平面机构均可以用零自由度的杆组依次连接到原动件和机架上的方法来组成。因此，机构拼接创新设计实验正是基于上述平面机构的组成原理而设计的。

正确拆分杆组的三个步骤：

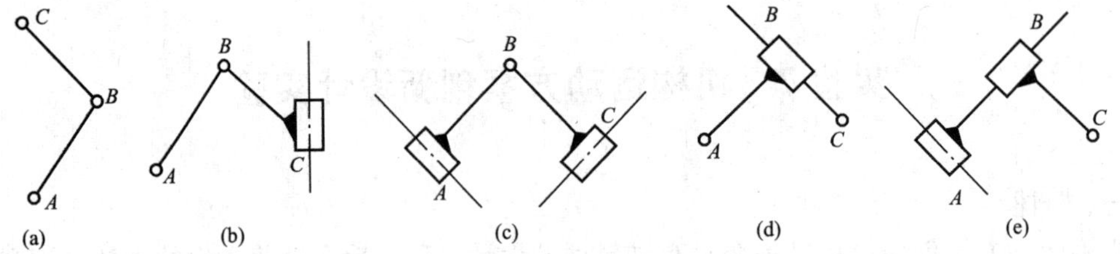

图 2-10 平面低副Ⅱ级组

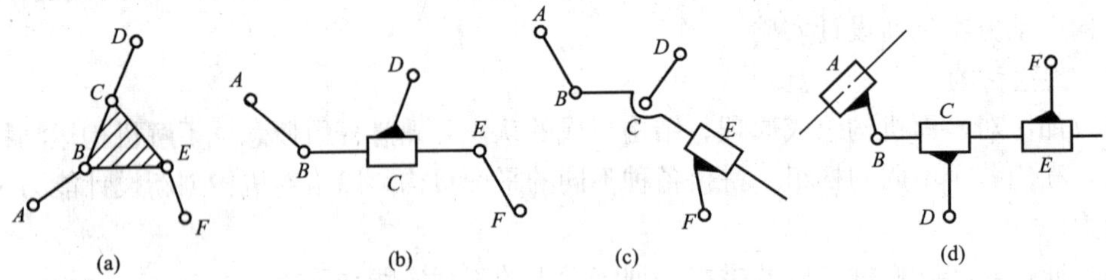

图 2-11 平面低副Ⅲ级组

（1）先去掉机构中的局部自由度和虚约束，有时还需将高副低代。

（2）计算机构的自由度，确定原动件。

（3）从远离原动件的一端（即执行构件）先试拆分Ⅱ级杆组，若拆不出Ⅱ级组时，再试拆Ⅲ级组，即由最低级别杆组向高一级杆组依次拆分，直到剩下原动件和机架。

正确拆组的判定标准是：拆去一个杆组或一系列杆组后，剩余的必须仍为一个完整的机构或若干个与机架相连的原动件，不许有不成杆组的零散构件或运动副存在，否则这个杆组拆得不对。每当拆出一个杆组后，再对剩余机构拆组，并按照步骤（3）进行，直到剩下与机架相连的原动件为止。

四、实验设备

本实验需要设备为机构运动方案创新设计实验台。各种实验台的基本实验原理和操作方法大致相同，以武汉易普生产的机构运动方案创新设计实验台为例，以下为此类设备的组成和操作方法。

（一）设备的组成

组成实验台的主要零部件及详细规格见表 2-5。

表 2-5　机构运动创新方案实验台组件清单

序号	名称	图示及图号	规格	数量	使用说明 标号
1	凸轮、高副锁紧弹簧	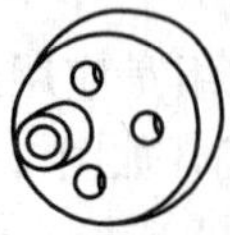 JYF10  JYF19	推程 30mm 回程 30mm	各 3	凸轮/回程均为正弦加速度运动规律 1
2	齿轮	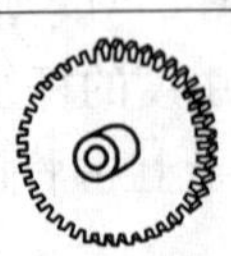 JYF8 JYF7	标准直齿轮 $Z=34$ $Z=42$	3 4	2—1 2—2

续表

序号	名称	图示及图号	规格	数量	使用说明 标号
3	齿条	 JYF9	标准直齿条	3	3
4	槽轮拨盘	 JYF11-2		1	4
5	槽轮	 JYF11-1	四槽	1	5
6	主动轴	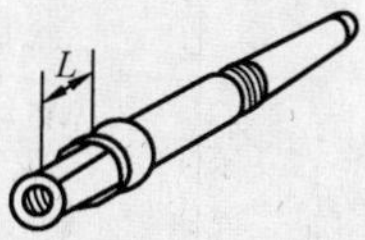 JYF5	$L=$ 5mm 20mm 35mm 50mm 65mm	4 4 4 4 2	6—1 6—2 6—3 6—4 6—5
7	转动副轴（或滑块）- 3	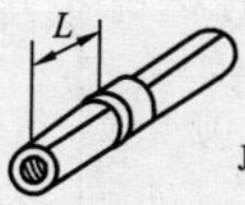 JYF25	$L=$ 5mm 15mm 30mm	4 4 2	7—1 7—2 7—3
8	扁头轴	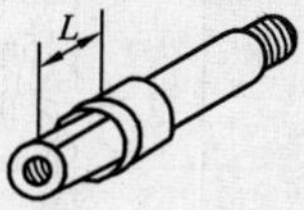 JYF6-2	$L=$ 5mm 20mm 35mm 50mm 65mm	16 12 12 10 8	8—1 8—2 8—3 8—4 8—5
9	主动滑块插件	 JYF42	$L=$ 40mm 55mm	1 1	与主动滑块座固连，可组成作直线运动的主动滑块 9—1 9—2
10	主动滑块座	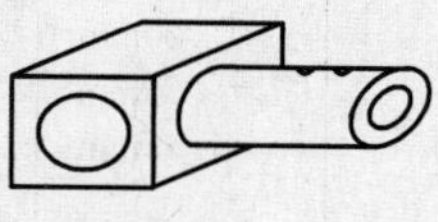 JYF37 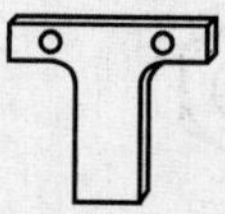 JYF37-1		1	与直线电机齿条固连 10
11	连杆（或滑块导向杆）	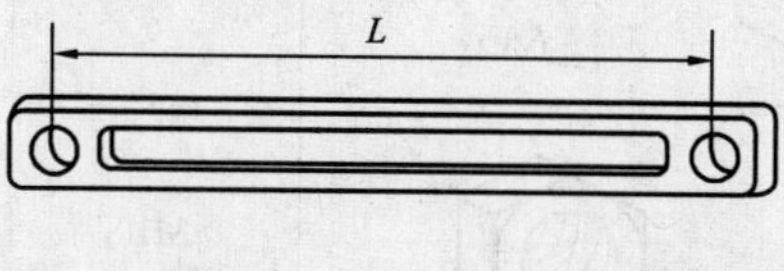 JYF16	$L=$ 50mm 100mm 150mm 200mm 250mm 300mm 350mm	8 8 8 8 8 8 8	11—1 11—2 11—3 11—4 11—5 11—6 11—7

续表

序号	名称	图示及图号	规格	数量	使用说明 标号
12	压紧连杆用特制垫片	JYF23	$\phi6.5$	16	将连杆固定在主动轴或固定轴上时使用 12
13	转动副轴（或滑块）-2	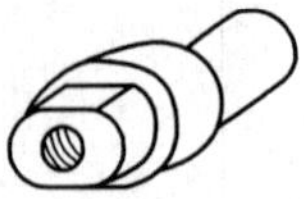 JYF20	$L=\begin{cases}40\text{mm}\\55\text{mm}\end{cases}$	各 8	与标号 20 的件配用，可与连杆在固定位置形成转动副 13—1 13—2
14	转动副轴（或滑块）-1	 JYF12-1		16	两构件形成转动副时用作滑块时用 14
15	带垫片螺栓	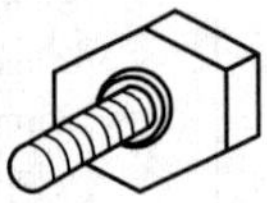 JYF14	M6	48	用于加长转动副轴或固定轴的轴长 15
16	压紧螺栓	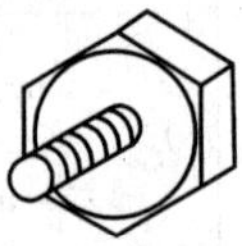 JYF13	M6	48	与转动副轴或固定轴配用 16
17	运动构件层面限位套	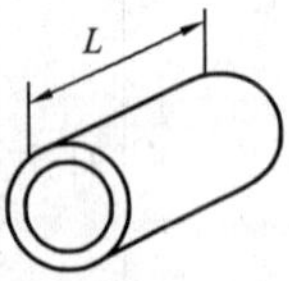 JYF15	$L=\begin{cases}5\text{mm}\\15\text{mm}\\30\text{mm}\\45\text{mm}\\60\text{mm}\end{cases}$	35 40 20 20 10	17—1 17—2 17—3 17—4 17—5
18	电机带轮主动轴皮带轮	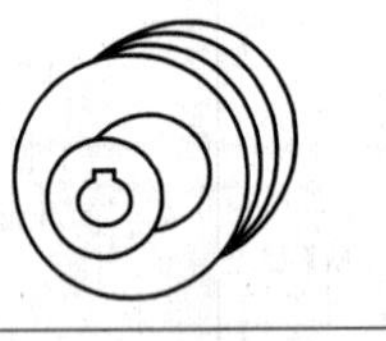 JYF36 JYF45	大孔轴（用于旋转电机）、小孔轴（用于主动轴）	3 3	大皮带轮已安装在旋转电机轴上 18
19	盘杆转动轴	 JYF24	$L=\begin{cases}20\text{mm}\\35\text{mm}\\45\text{mm}\end{cases}$	4 4 2	盘类零件与连杆形成转动副时用 19—1 19—2 19—3
20	固定转轴块	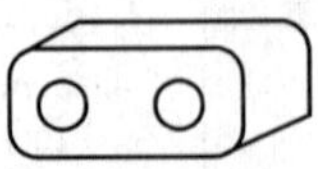 JYF22		8	与标号 13 的件配用 20
21	加长连杆或固定凸轮弹簧用螺栓螺母	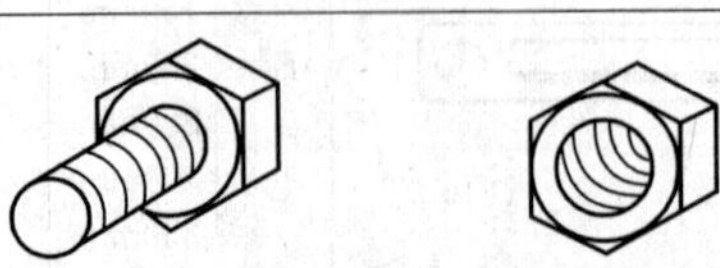 JYF21	M10	各 14	用于连杆加长时的锁定、固定弹簧 21

续表

序号	名称	图示及图号	规格	数量	使用说明 标号
22	曲柄双连杆部件	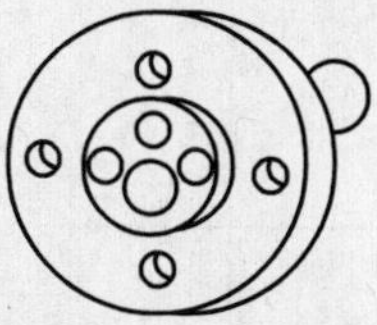 JYF17	组合件	3	22
23	齿条导向板	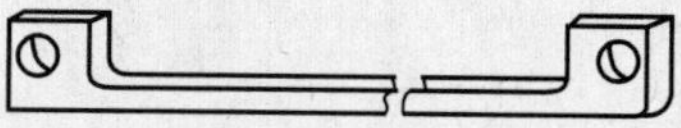 JYF18		6	23
24	压紧连杆用特制垫片	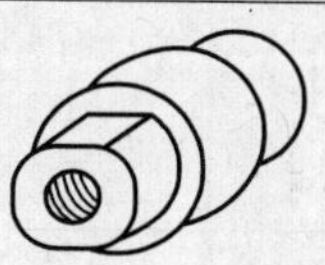 JYF12-2	ϕ6.5	16	. 将连杆固定在主动轴或固定轴上时使用 24
25	安装电机座、行程开关座用内六角螺栓平垫	标准件	M8×25 ϕ8	各20	
26	内六角螺钉	标准件	M6×15	4	用于将主动滑块座固定在直线电机齿条上
27	内六角紧定螺钉		M6×6	14	
28	滑块	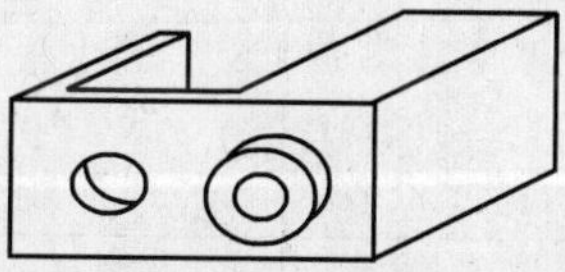 JYF33 JYF34		64	已与机架相连
29	实验台机架	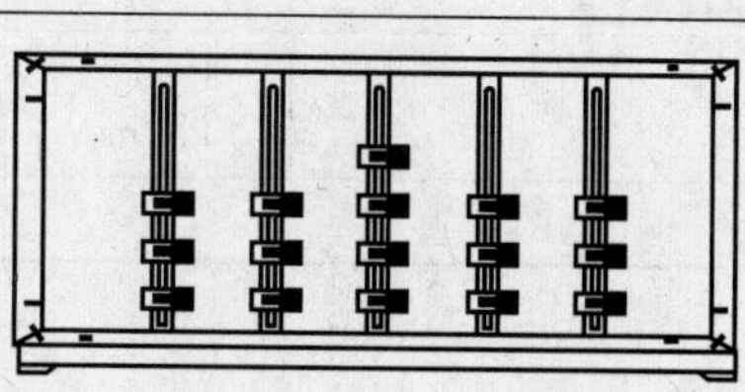 JYF31		4	机架内可移动立柱5根
30	立柱垫圈	 JYF44	ϕ9	40	已与机架相连
31	锁紧滑块方螺母	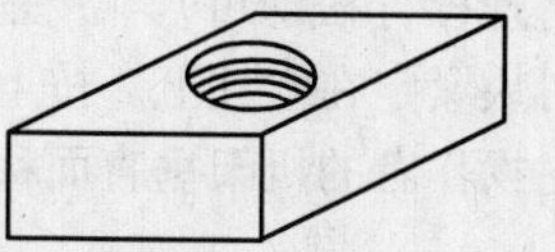 JYF-46	M6	64	已与滑块相连

续表

序号	名称	图示及图号	规格	数量	使用说明标号
32	T形螺母	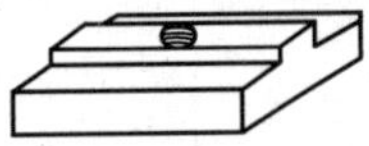 JYF-43		20	卡在机架的长槽内，可轻松用螺栓固定电机座
33	行程开关支座 配：内六角头螺栓、平垫	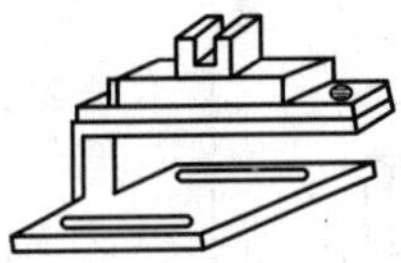 JYF-40	M5×15 $\phi5$	2 4 4	用于行程开关与其座的连接，行程开关的安装高度可在长孔内进行调节
34	平垫片防脱螺母	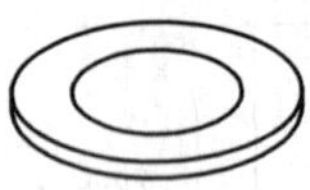 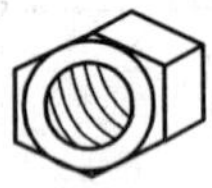	$\phi17$ M12	20 72	使轴相对机架不转动时用，防止轴从机架上脱出
35	转速电机座	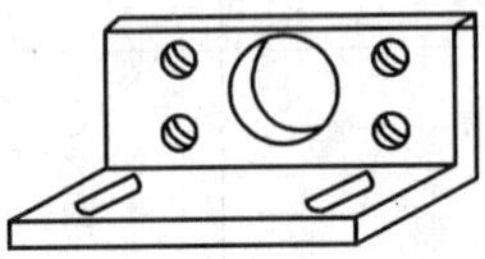 JYF-38		3	已与电机相连
36	直线电机座	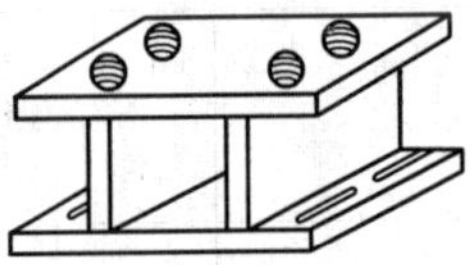 JYF-39		1	已与电机相连
37	平键	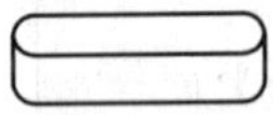	3×15	15	主动轴与皮带轮的连接
38	直线电机控制器			1	与行程开关配用，可控制直线电机的往复运动行程
39	皮带	标准件	O形	3	
40	直线电机 旋转电机		10mm/s 10r/min	1 3	配电机行程开关一对
41	使用说明书			1	内附装箱清单

（二）操作说明

1. 实验台机架

图 2-12 所示实验台机架中有 5 根铅垂立柱，其可沿 X 方向移动。移动时请用双手扶稳立柱，并尽可能使立柱在移动过程中保持与 X 方向垂直状态，这样便可以轻松推动立柱。立柱移动到预定的位置后，将立柱上、下两端的螺栓锁紧（安全注意事项：不允许将立柱上、下两端的螺栓卸下，在移动立柱前只需将螺栓拧松即可）。立柱上的滑块可沿 Y 方向移动，将滑块移动到预定的位置后，用螺栓将滑块紧定在立柱上。按上述方法即可在 X、Y 平面内确定活动构件相对机架的连接位置。面对操作者的机架垂直面称为拼接起始参考面或操作面。

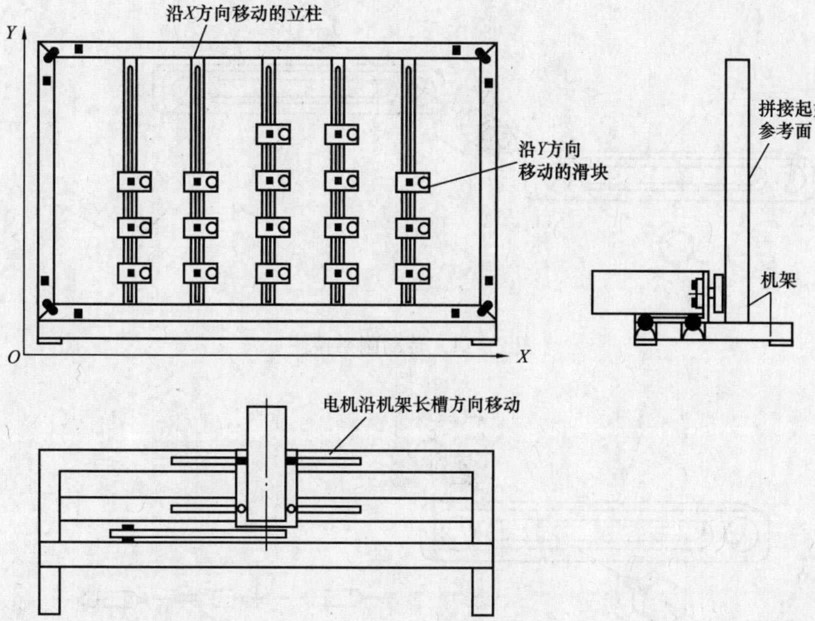

图 2－12　实验台机架图

2. 各零部件之间的拼接

图 2－13 中的编号与“机构运动方案创新设计实验台组件清单”中的标号相同。

（1）轴相对机架的拼接。

有螺纹端的轴颈可以插入滑块 28 上的铜套孔内，如图 2－13 所示，通过平垫片 34、防脱螺母 34 的连接与机架形成转动副或与机架固定。若如图 2－13 所示拼接后，6 或 8 号轴相对机架固定；若不使用平垫片 34，则 6 或 8 号轴相对机架作旋转运动。拼接者可根据需要确定是否使用平垫片 34 号。

扁头轴 6 为主动轴、8 为从动轴。该轴主要用于与其他构件形成移动副或转动副，也可将连杆或盘类零件等固定在扁头轴颈上，使之成为一个构件。

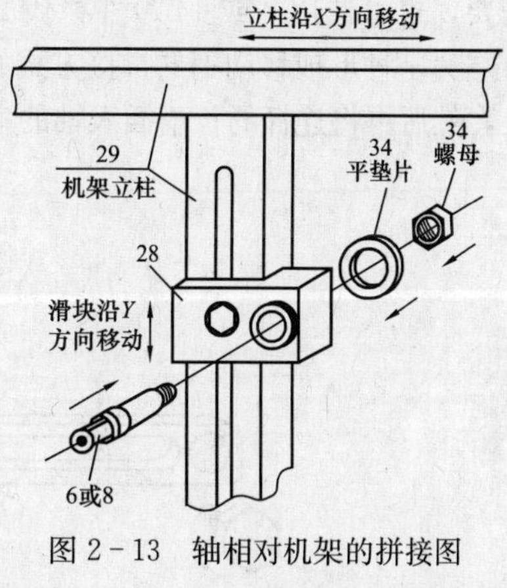

图 2－13　轴相对机架的拼接图

（2）转动副的拼接。

若两连杆间形成转动副，可按图 2－14 所示的方式拼接。其中 14 号件的扁平轴颈可分别插入两连杆 11 的圆孔内，再用压紧螺栓 16 和带垫片螺栓 15 分别与转动副轴 14 两端面上的螺孔连接。这样有一根连杆被压紧螺栓 16 固定在 14 件的轴颈处，而与带垫片螺栓 15 相连接的 14 号件相对另一连杆转动。

提示：根据实际拼接层面的需要，14 号件可用 7 号件“转动副轴－3”替代，由于 7 号件的轴颈较长，此时需选用相应的运动构件层面限位套 17 对构件的运动层面进行限位。

（3）移动副的拼接。

移动副的拼接如图 2－15 所示。转动副轴 14 的扁平轴颈插入连杆 11 的长槽中，通过带垫片的螺栓 15 的连接，转动副轴 14 可与连杆 11 形成移动副。

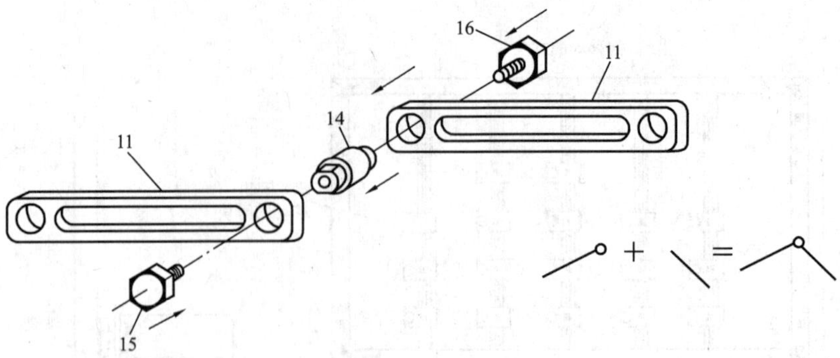

图 2-14 转动副拼接图

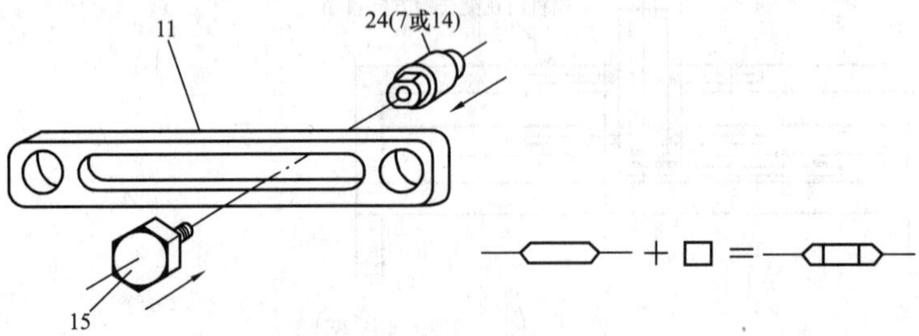

图 2-15 移动副的拼接

提示：移动副轴 14 的另一圆轴端可与另一构件形成转动副或移动副。根据实际拼接的需要，也可选用 7 或 14 号件替代 24 号件作为滑块。

另一种形成移动副的拼接方式如图 2-16 所示。选用两根轴（6 或 8 号），将轴固定在机架上，然后再将连杆的长槽插入轴的扁平端，旋入带垫片螺栓 15 螺钉，则连杆相对机架做移动。

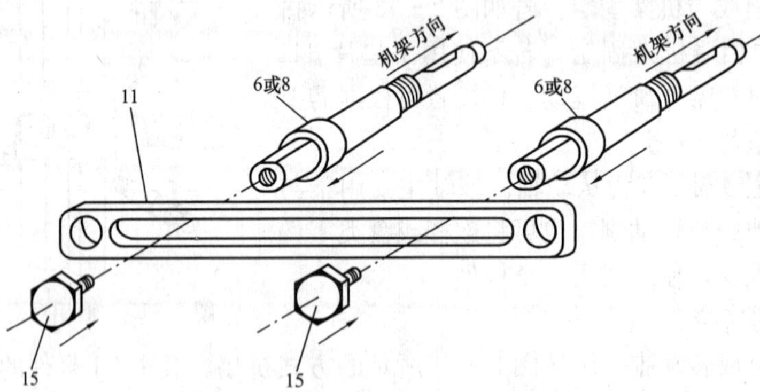

图 2-16 移动副的拼接方式

提示：根据实际拼接的需要，若选用的轴颈较长，此时需选用相应的运动构件层面限位套 17 对构件的运动层面进行限位。

(4) 滑块与连杆组成转动副和移动副的拼接。

图 2-17 所示的拼接效果是滑块 13 与连杆形成移动副、滑块与另一连杆在连杆长槽的某一位置形成转动副。首先将固定转轴块 20 用螺栓 15、螺母 21 固定在连杆 11 的侧面，再将转动副轴 13 的圆轴颈插入 20 号件的圆孔及连杆 11 的长槽中，用带垫片的螺栓 15 旋入 13

号件的圆轴颈端的螺孔中，这样 13 号件与 11 号件形成转动副。将 13 号件的扁平轴颈插入另一连杆的长槽中、15 号件旋入 13 号件的扁平端螺孔中，这样 13 号件与另一连杆 11 形成移动副。

(5) 齿轮与轴的拼接。

如图 2-18 所示，齿轮 2 装入轴 6 或轴 8 时，应紧靠轴（或运动构件层面限位套）的根部，以防止造成运动构件的运动层面距离的累计误差。按图示连接好后，用内六角紧定螺钉 27 将齿轮固定在轴上（注意：螺钉应压紧在轴的平面上）。这样，齿轮与轴形成一个构件。

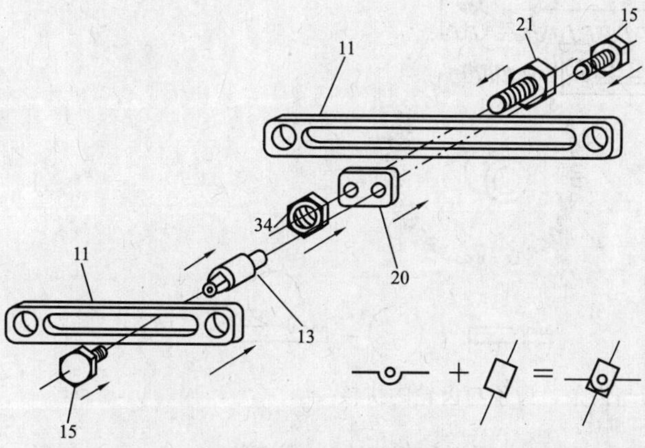

图 2-17 滑块与连杆组成转动副和移动副的拼接

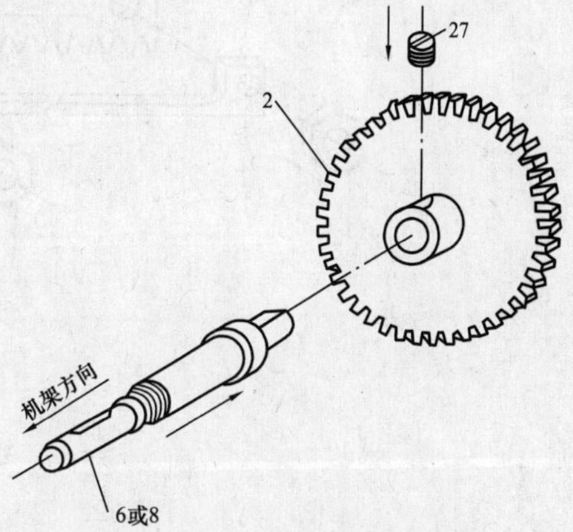

图 2-18 齿轮与轴的拼接

若不用内六角紧定螺钉 27 将齿轮固定在轴上，而选用带垫片螺栓 15 旋入轴端面的螺孔内，齿轮相对轴转动。

(6) 齿轮与连杆形成转动副的拼接。

如图 2-19 所示，连杆与齿轮拼接形成转动副。视所选用盘杆转动副 19 的轴颈长度不同，决定是否需要运动构件层面限位套 17。

若选用 $L=35$mm 的盘杆转动副 19，则可组成双联齿轮，并与连杆形成转动副，如图 2-20 所示；若选用 $L=45$mm 的盘杆转动副 19，同样可以组成双联齿轮，与前者不同的是要在盘杆转动副 19 上加装一运动构件层面限位套 17。

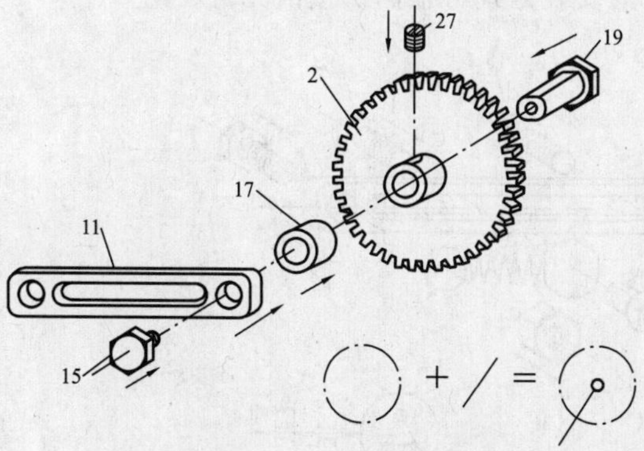

图 2-19 齿轮与连杆形成转动副的拼接

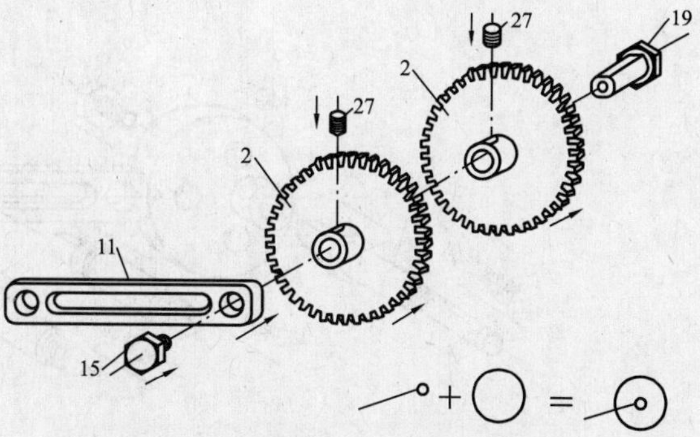

图 2-20 双联齿轮与连杆形成转动副的拼接

(7) 齿条护板与齿条、齿条与齿轮的拼接。

如图 2-21 所示，当齿轮相对齿条啮合时，若不使用齿条导向板，则齿轮在运动时会脱离齿条。为避免此种情况出现，在拼接齿轮与齿条啮合运动方案时，需选用两根齿条导向板 23 和螺栓螺母 21 按图示方法进行拼接。

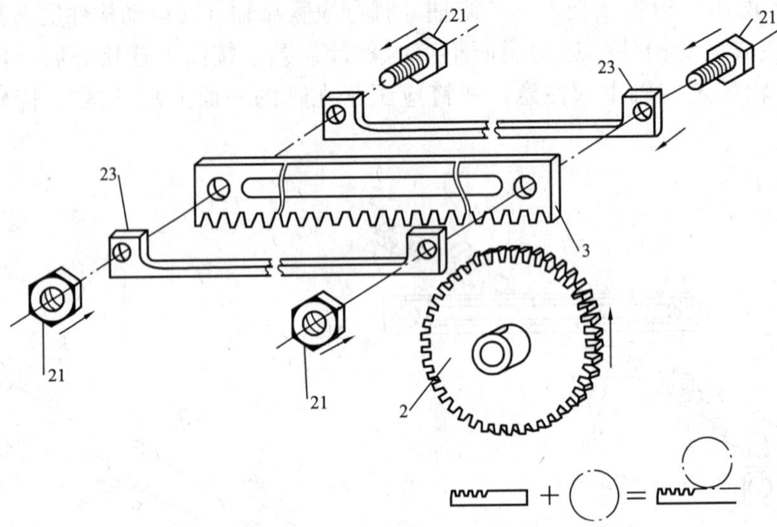

图 2-21 齿条护板与齿条、齿条与齿轮的拼接

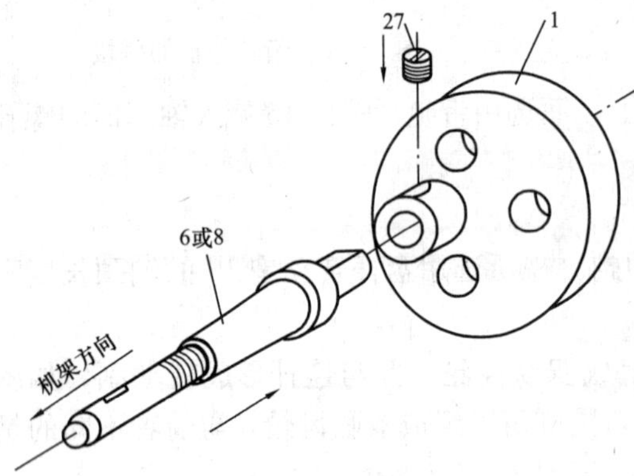

图 2-22 凸轮与轴的拼接

(8) 凸轮与轴的拼接。

如图 2-22 所示拼接好后，凸轮 1 与轴 6 或 8 形成为一个构件。

若不用内六角紧定螺钉 27 将齿轮固定在轴上，而选用带垫片螺栓 15 旋入轴端面的螺孔内，凸轮相对轴转动。

(9) 凸轮高副的拼接。

如图 2-23 所示，首先将轴类零件与机架相连，然后分别将凸轮 1、从动件连杆 11 拼接到相应的轴上去。高副锁紧弹簧的安装方式可根据拼接情况自定。

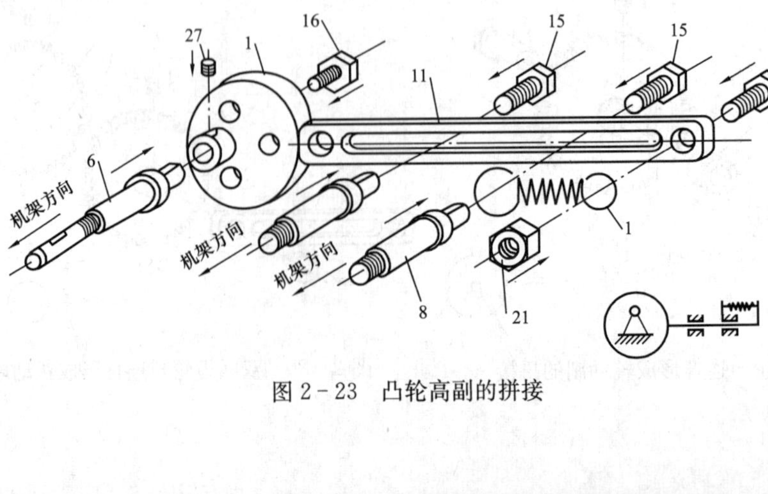

图 2-23 凸轮高副的拼接

提示：用于支撑连杆的两轴间的距离应与连杆的移动距离（凸轮的最大升程为30mm）相匹配。若选用较长轴颈的轴，还需选用相应的运动构件层面限位套17。

（10）槽轮副的拼接。

图2-24所示为槽轮副的拼接示意图。通过调整两轴6或轴8的间距，使槽轮的运动传递灵活。

提示：为使盘类零件相对轴更牢靠地固定，除使用内六角螺钉27紧固外，还可加用压紧螺栓16。

（11）滑块导向杆相对机架的拼接。

如图2-25所示，将轴6或轴8插入机架29滑块的轴孔中，用平垫片34、防脱螺母34将轴6或轴8固定在机架29上，并使轴颈平面平行与直线电机齿条的运动平面，以保证主动滑块插件9的中心轴线与直线电机齿条的中心轴线相互垂直且在一个运动平面内，将滑块导向杆11通过压紧螺栓16固定在6号或8号的轴颈上。这样，滑块导向杆11相对机架29成为一个构件。

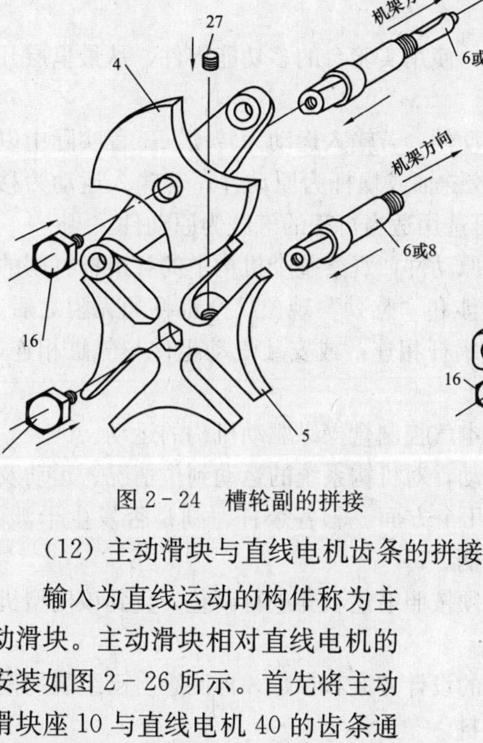

图2-24 槽轮副的拼接

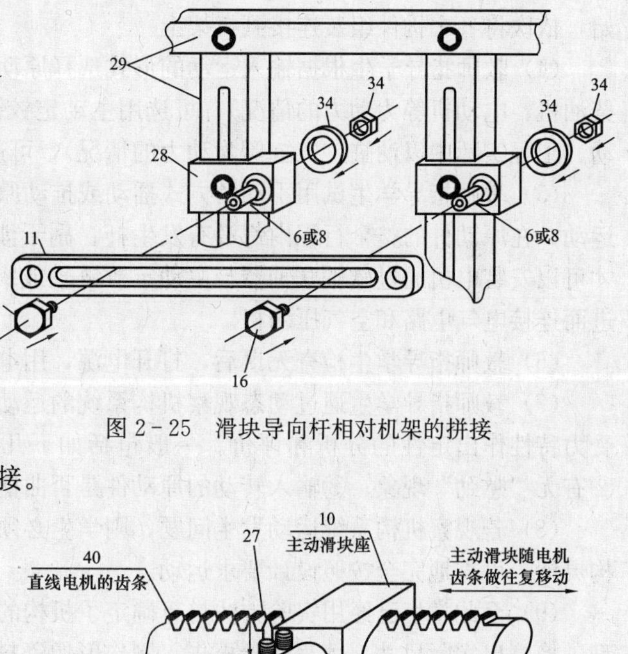

图2-25 滑块导向杆相对机架的拼接

（12）主动滑块与直线电机齿条的拼接。

输入为直线运动的构件称为主动滑块。主动滑块相对直线电机的安装如图2-26所示。首先将主动滑块座10与直线电机40的齿条通过两个螺栓26固联，并使固定后的主动滑块座呈水平状态；其次，将主动滑块插件9上铣有一个平面的轴颈插入主动滑块座孔内，铣有两平面的轴颈插入起支撑作用的连杆11长槽中（这样可使主动滑块不作悬臂运动）；然后，将起支撑

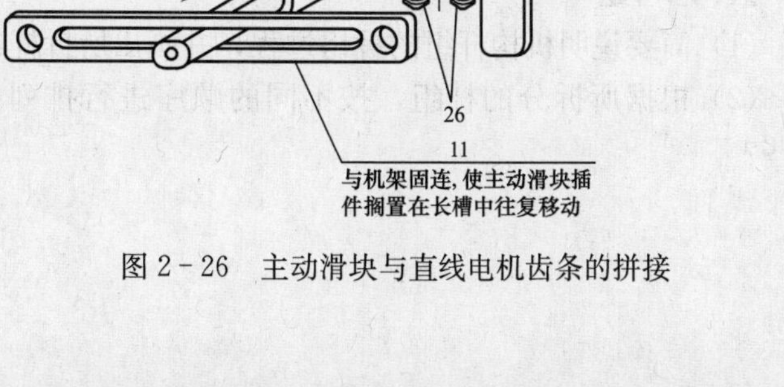

图2-26 主动滑块与直线电机齿条的拼接

作用的连杆 11 固定在机架 29 上，参看图 2-25 滑块导向杆相对机架的拼接；最后，根据外接构件的运动层面需要调节主动滑插件 9 的外伸长度，并用内六角螺栓 27 将主动滑块插件 9 固定在主动滑块座 10 上。

提示：图 2-26 所拼接的部分仅为某一机构的主动运动，后续拼接的构件还将占用空间，因此，在拼接图示部分时尽可能减少占用空间，以方便往后的拼接需要。具体做法是将图示拼接部分尽量靠机架的左边或右边。

(13) M5、M6、M8 圆柱头内六角扳手、8in（英寸）活动扳手、1m 卷尺、笔和纸。

五、实验步骤

(1) 针对设计题目，学生初步构思选型机械系统运动方案、电气或气动驱动控制方案，并绘出草图。

(2) 教师指导学生使用“机械运动创新方案实验台”的多功能零件，按照学生自己的草图，先在桌面上进行机构的初步实验摆放，这一步的目的是进行构件的总体布局和合理分层。总体布局以机械原理课程知识为导向，而课程尚未涉及的合理分层，一方面为了使各个构件在相互平行的平面内运动，另一方面为了避免各个构件、各个运动副之间发生运动干涉。

(3) 教师指导学生按照实验的布局和分层方案，使用实验台的多功能零件，从最里层开始，依次将各个构件组装连接到机架上。

(4) 教师指导学生根据输入运动的形式选择原动件。若输入运动为转动（工程实际中以柴油机、电动机等为动力的情况），可选用主动定铰链轴或蜗杆为原动件；若输入运动为移动（工程实际中以油缸、气缸等为动力的情况），可选用适当行程的气缸为原动件。

(5) 教师指导学生试用手动的方式摇动或推动原动件，观察整个机构中的各个杆、副的运动，在原动件的整个行程内都没有发生杆、副干涉和“憋劲”现象，全都畅通无阻之后，才可以安装电机通过软轴联轴器与主动定铰链轴或蜗杆相连，或安装气动组件与气缸相连，进而连接电气电路和空气压缩机。

(6) 教师指导学生检查无误后，打开电源，用电气控制盒操纵驱动机构的运动。

(7) 教师指导学生通过动态观察机构系统的运动，对机构系统的运动到位情况、运动及受力特性作出定性的分析和评价。一般包括如下几个方面：①各个杆、副是否发生干涉；②有无“憋劲”现象；③输入转动的原动件是否曲柄。

(8) 若观察机构系统运动发生问题，则学生必须按照前述步骤进行调整，直到该模型机构灵活、可靠地完全按照设计要求运动。

(9) 至此学生已经用实验方法自行确定了机构的设计方案和参数，再测绘自己组装的模型，换算出实际尺寸，填写实验报告，制作影像资料。

(10) 教师验收合格，鉴定总体演示效果，作为创新及动手环节的评分依据。

六、思考题

(1) 简要说明机构杆组的拆组过程，并画出所拆杆组简图。

(2) 根据所拆分的杆组，按不同的顺序进行排列杆组，可能组合的机构运动方案有哪些？

实验8 带传动实验

一、概述

皮带传动实验是进行皮带传动的性能实验，主要测定皮带传动的滑动率、效率及绘制实测曲线，以及使学生了解带传动的弹性滑动和打滑对传动效率的影响。本实验配有专用多媒体软件，学生可利用计算机在软件界面说明文件的指导下，独立自主地进行实验，培养学生的实际动手能力。

二、实验目的

(1) 了解带传动实验台的结构及工作原理。

(2) 观察带传动中的弹性滑动和打滑现象。

(3) 了解带传动在不同初拉力、不同转速下的载荷与滑动率、载荷与效率的关系。

(4) 掌握转矩、转速的基本测量方法。

(5) 绘制带传动的滑动率曲线和效率曲线。

三、实验原理

1. 绘制带传动的滑动率曲线

靠摩擦力传递动力或运动的摩擦型带传动（如平带、V带等），由于传动带所具有的挠性，使带传动在工作中产生紧边拉力 F_1 与松边拉力 F_2，由紧边拉力计算式 $F_1=F_0+F/2$ 和松边拉力计算式 $F_2=F_0-F/2$（式中 F_0 为带的预紧力；F 为工作载荷要求的有效圆周力。）可以看出，由于紧边和松边的拉力不同，造成带的紧边和松边的拉伸变形也不同，因此不可避免地会产生带的弹性滑动。由于弹性滑动的影响，从动轮的圆周速度 v_2 低于主动轮的圆周速度 v_1，把 v_2 低于 v_1 的降低率称为滑动率 ε，有

$$\varepsilon=\frac{v_1-v_2}{v_1}\times 100\%=\frac{D_1n_1-D_2n_2}{D_1n_1}\times 100\% \tag{2-6}$$

式中 v_1、v_2——主、从动轮的圆周速度，m/s；

n_1、n_2——主、从动轮的转速，r/min；

D_1、D_2——主、从动轮的直径，mm。

滑动率 ε 的值与发生弹性滑动的强弱有关，也就是说与工作载荷要求的有效圆周力有关。在做该项实验的过程中可以观察到，随着工作载荷的增加，从动轮的圆周速度 v_2 与主动轮的圆周速度 v_1 的差值越来越大，即 ε 值越来越大。当工作载荷要求的有效圆周力 F 超过带与带轮间的摩擦力极限值时，带开始在轮面上打滑，滑动率 ε 值急剧上升，带传动失效。这就是带传动实验中的滑动率实验。

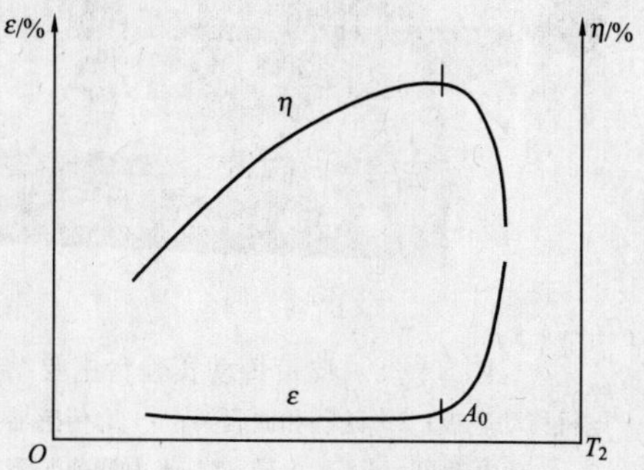

图 2-27 滑动率曲线、效率曲线图

如图 2-27 所示，ε 曲线上的 A_0 点是临界点，其左侧为弹性滑动区，是带传动的正常工作区域，随着载荷的增加，滑动率逐渐增加。当载荷增加到超过临界点 A_0 后，带传动进入打滑区域，使带

传动不能正常工作，应当避免。

2. 绘制带传动的效率曲线

带传动实验的第二项内容是求带传动的工作效率。机械传动的工作效率 η 是输出功率 P_2 与输入功率 P_1 的比值，即 $\eta = P_2/P_1$。带传动工作时，由于弹性滑动的影响，造成带的摩擦发热和带的磨损，也使传动效率降低。从机械设计手册中查到的带传动的工作效率值，是在预紧力 F_0、工作载荷 F、带的圆周速度 v 都达到设计的预定值时的最高效率，如果预紧力 F_0、工作载荷 F、带的圆周速度 v 没有达到设计的预定值时，则效率 η 值低于最高效率值。带传动效率实验是在预定带的圆周速度 v 值、预紧力 F_0 值条件下，工作载荷 F 由小至大过程中，效率的变化状况。如果预紧力 F_0 超过设计的预定值，虽然效率 η 值有所提高，但将使带的磨损加剧，温升增高，寿命下降。

根据公式

$$P_1 = \frac{T_1 n_1}{9549} \tag{2-7}$$

$$P_2 = \frac{T_2 n_2}{9549} \tag{2-8}$$

式中 P_1、P_2——输入、输出功率，kW；

T_1、T_2——输入、输出转矩，N·m；

n_1、n_2——输入、输出转速，r/min。

则效率 η 值可表示为

$$\eta = \frac{P_2}{P_1} = \frac{T_2 n_2}{T_1 n_1} \times 100\% \tag{2-9}$$

一般实验台在测量带传动工作效率时，不是测量其输出功率 P_2 与输入功率 P_1，而是测量的转矩 T_1、T_2 和转速 n_1、n_2，在求带传动的工作效率 η 值时，可用式（2-9）求解。

四、实验设备

本实验采用 PC-B 型智能皮带传动实验台，实验台的主要结构如图 2-28 所示。

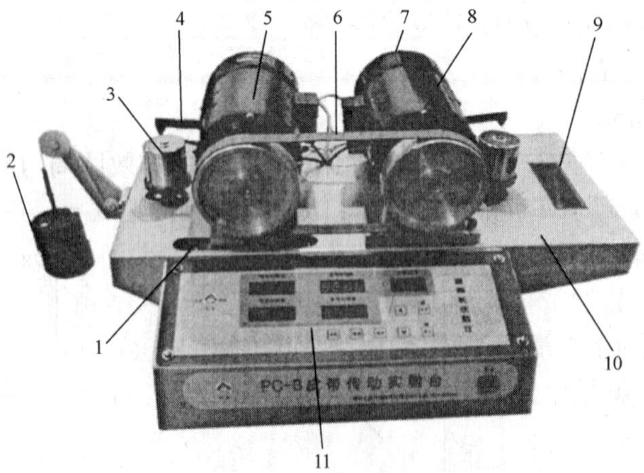

图 2-28 皮带传动实验台主要结构图

1—电机移动底板；2—砝码和砝码架；3—力传感器；4—转矩力测杆；5—主动电动机；6—平皮带；7—光电测速装置；8—发电机；9—灯泡组；10—机座；11—操纵面板

1. 机械部分

该实验传动系统，由皮带 6、装有主动带轮的直流伺服电动机组件及装有从动带轮的直流伺服发电机组件构成。

主动轮电机 5 为特制两端带滚动轴承座的直流伺服电机，滚动轴承座固定在一个滑动的底板 1 上，电机外壳（定子）未固定可相对其两端滚动轴承座转动。滑动的底板能相对机座 10 在水平方向滑动。

砝码和砝码架 2 与滑动底板通过绳和滑轮相连，用于张紧皮带，加上或减少砝码，即可增加或减少皮带初拉力。

从动轮电机 8 也为特制两端带滚动轴承座的直流伺服发电机，电机外壳（定子）未固定可相对其两端滚动轴承座转动，轴承座固定在机座上。

发电机和灯泡 9，以及实验台内的电子加载电路组成实验台加载系统，该加载系统可通过计算机软件的主界面加载按钮控制，也可用面板上触摸按钮 6、7（如图 2－29 所示）进行手动控制和显示。

可转动两电机的外壳上装配的测力杆 4，把电机外壳转动时产生的转矩力传递给传感器。主、从动皮带轮扭矩力可直接在面板各自的数码管上读取，并传到计算机中进行处理分析。

两电机后端装有光电测速装置和测速转盘 7，测速方式为红外线光电测速。主、从动皮带轮转速可直接在面板各自的数码管上读取，并传到计算机中进行处理分析。

直流电动机的调速电源，采用先进的脉冲宽度调制的调速电源。

2. 电气测量部分

本实验台电气测量控制由三个部分组成。

(1) 电机调速部分：该部分采用专用的由脉宽调制（PWM）原理设计的直流电机调速电源，调节面板上的调速旋钮对电动机进行调速。

(2) 仪器控制直流电源及传感器放大电路部分：该电路板由直流电源及传感器放大电路组成，直流电源主要向显示控制板和四组传感器放大电路供电，将四个传感器的测量信号放大到规定幅度供显示控制板采样测量。

(3) 显示测量控制部分：该部分由单片机、A/D 转换、加载控制电路和 RS－232 接口组成。A/D 转换控制电路负责转速测量和四路传感器信号采样，采集的各参数除送面板进行显示外。经由 RS－232 接口送上位机（电脑）进行数据分析处理。加载控制电路主要用于计算机对负荷灯泡组加载，也可通过面板上的触摸按钮对灯泡组进行手动加载和卸载。

实验台可脱机（电脑），用手工对各采集的实验数据进行记录处理。

实验台电气面板布置如图 2－29 所示。

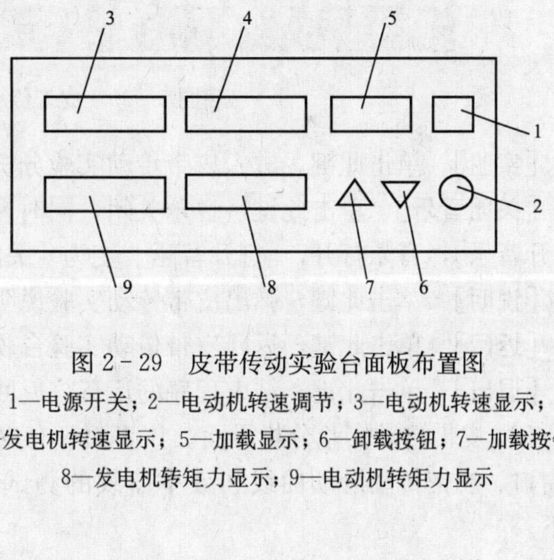

图 2－29　皮带传动实验台面板布置图

1—电源开关；2—电动机转速调节；3—电动机转速显示；4—发电机转速显示；5—加载显示；6—卸载按钮；7—加载按钮；8—发电机转矩力显示；9—电动机转矩力显示

3. 主要技术参数

直流电机功率　355W

主电机调速范围　50～1500r/min

发电机额定功率　355W

灯泡额定功率　共 320W（8 个 40W）

皮带初拉力值为　2～3.5kg·f

杠杆测力臂长度　$L_1=L_2=120$mm（L_1、L_2 为电动机、发电机中心至传感器中心的距离）

皮带轮直径　$D_1=D_2=120$mm

压力传感器　精度为 1%，测量范围为 0～50N

实验台总质量　　45kg

4. 软件界面操作说明

(1) 皮带传动实验说明界面。图 2-30 所示为皮带传动实验说明界面，各操作键含义如下。

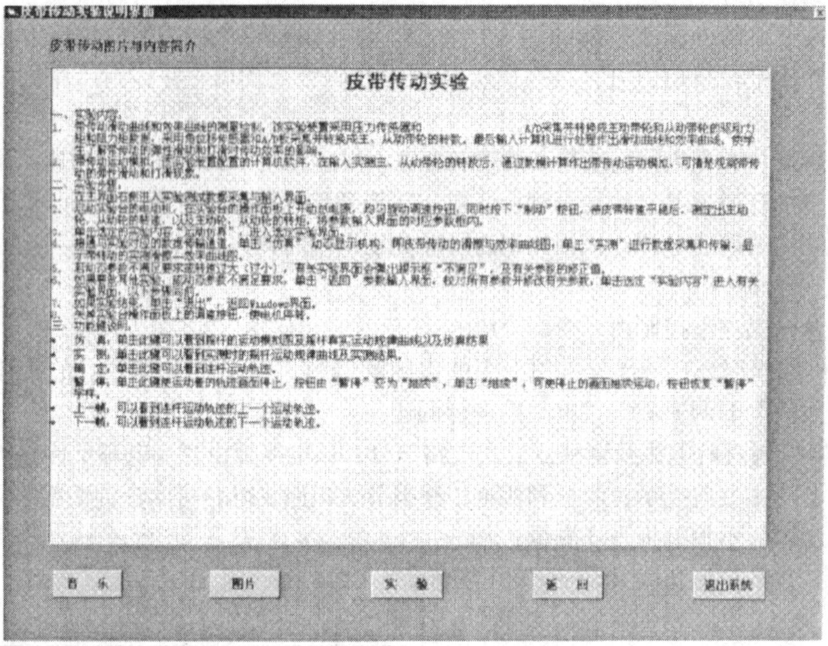

图 2-30　皮带传动实验说明界面

[实验]　单击此键，进入皮带传动实验分析界面。

[关闭音乐]　单击此键，音乐关闭，同时 [关闭音乐] 变为 [打开音乐]；反之，单击 [打开音乐]，音乐打开，[打开音乐] 变为 [关闭音乐]。

[说明]　单击此键，弹出皮带传动实验说明框。

[返回]　单击此键，返回皮带传动实验台软件界面。

[退出]　单击此键，结束程序的运行，返回 Windows 界面。

(2) 皮带传动实验分析界面。该界面开有皮带传动的运动、弹性滑动、打滑现象动画模拟窗口、皮带传动滑动曲线和效率曲线的测试绘制窗口（如图 2-31 所示）。各控键说明如下。

[运动模拟]　单击此键，可以清楚观察皮带传动的运动、弹性滑动、打滑现象。

[加载]　单击此键可加载灯泡组负荷，每击一次可增加 5%的灯泡组负荷功率。

[稳定测试]　单击此键，稳定记录皮带传动的实测数据，此数据是实时显示的。

[实测曲线]　单击此键，显示皮带传动的滑动曲线和效率曲线。

[关闭音乐]　单击此键，音乐关闭，同时 [关闭音乐] 变为 [打开音乐]；反之，单击 [打开音乐]，音乐打开，[打开音乐] 变为 [关闭音乐]。

[操作说明]　单击此键，弹出皮带传动实验说明框。

[打印]　单击此键，弹出打印对话框，可以将皮带传动滑动曲线和效率曲线打印出来或

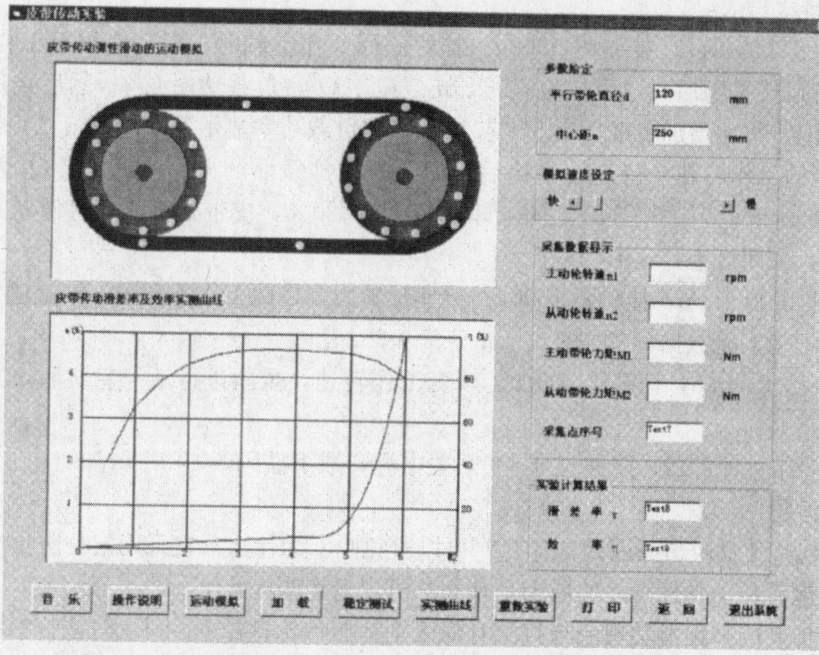

图 2-31 皮带传动实验分析界面

保存为文件。

［返回］ 单击此键，返回皮带传动实验说明界面。

［退出系统］ 单击此键，结束程序的运行，返回 Windows 界面。

五、实验步骤

1. 自动操作

(1) 打开计算机，单击“皮带传动”图标，进入皮带传动的界面。单击左键，进入皮带传动实验说明界面。

(2) 在皮带传动实验说明界面下方单击“实验”键，进入皮带传动实验分析界面。

(3) 启动实验台的电动机，待皮带传动运转平稳后，可进行皮带传动实验。

(4) 在皮带传动实验分析界面下方单击“运动模拟”键，观察皮带传动的运动、弹性滑动、打滑现象。

(5) 单击“加载”键，对灯泡组加载。

(6) 待数据稳定后单击“稳定测试”键，记录实时显示的皮带传动实测数据。

(7) 重复实验步骤 (5) 和 (6)，直至皮带打滑，结束测试。

(8) 如果实验效果不够理想，可单击“重做实验”即从第五步开始重做实验。

(9) 单击“实测曲线”键，显示绘制的皮带传动滑动曲线和效率曲线。

(10) 如果要打印皮带传动滑动曲线和效率曲线，在该界面下方单击“打印”键，打印机自动打印出皮带传动的滑动曲线和效率曲线。

(11) 如果实验结束，单击“退出”，返回 Windows 界面。

2. 手动操作

可通过改变预紧力 F_0 或工作速度 v_1 等参数，设置不同的实验条件进行实验，以研究皮带的传动性能。

(1) $n_1=1200\text{r/min}$，挂砝码3000g。挂好砝码，在空载时，启动电机至工作转速 $n_1=1200\pm2$，待运转平稳后，记录初始值 n_1、n_2、Q_1、Q_2，负载功率0%；然后给皮带系统加载，开启灯泡，每次增加负载功率5%或10%（即负载功率显示每次增加5或10），重新调整 n_1 到选定的工作转速；待运转平稳后，记录每次加载后的 n_1、n_2、Q_1、Q_2 及负载功率 $P\%$ 值，直到 $n_1-n_2>120\sim240$ 之间，即 $\varepsilon>10\%\sim20\%$，皮带处于明显打滑状态，记录最后一组数据，关闭灯泡，逐渐卸载。

(2) $n_1=1200\text{r/min}$，挂砝码1500g。改变预紧力，在此工作条件下，按上述方法再做一次实验，并记录实验数据。

(3) $n_1=800\text{r/min}$，挂砝码3000g。改变工作转速，重新进行新一轮实验，并记录实验数据。

(4) 实验结束，卸载，降速至 $n_1=0$，关电源，取下砝码。

六、思考题

(1) 引起带传动打滑的原因是什么？可以避免吗？为什么？它采用何种防止措施？

(2) 引起带传动弹性滑动的原因是什么？可以避免吗？为什么？

(3) 带传动的弹性滑动现象与打滑有何区别？当带轮直径 $D_1=D_2$ 时，打滑发生在哪个带轮上？试分析其原因。

(4) 什么叫滑动率？滑动率曲线与效率曲线有何不同？

(5) 实验过程中“加载”与对带轮加砝码各有什么含义？有何区别？

(6) 带传动的效率如何测得？有哪些因素会产生实验误差？试解释传动效率为什么随有效拉力的增加而增加，到达最大值后又下降？

(7) 带传动的初拉力的大小对传动能力有何影响？最优初拉力的确定与什么因素有关？影响带传动能力的因素还有哪些？

(8) 影响带传动的弹性滑动与传动能力的因素有哪些？对传动有何影响？

实验9 滑动轴承实验

一、概述

此项实验是径向加载的液体动压滑动轴承实验，可以完成以下四项测试内容。

（1）测量轴承与转轴间隙中的油膜在圆周方向的压力分布值（如图 2-32 所示），并验证径向油膜压力最大值 $p_{\max}$ 不在外载荷 F_{τ} 的垂线位置，而是在最小油膜厚度附近，即 $\frac{\partial p}{\partial x}=0$ 处。

（2）测量轴承与转轴间隙中的油膜在轴线方向的压力分布值，并验证轴向压力分布曲线呈抛物线分布，即轴向油膜最大压力值在轴承宽度的中间位置（如图 2-33 所示）。

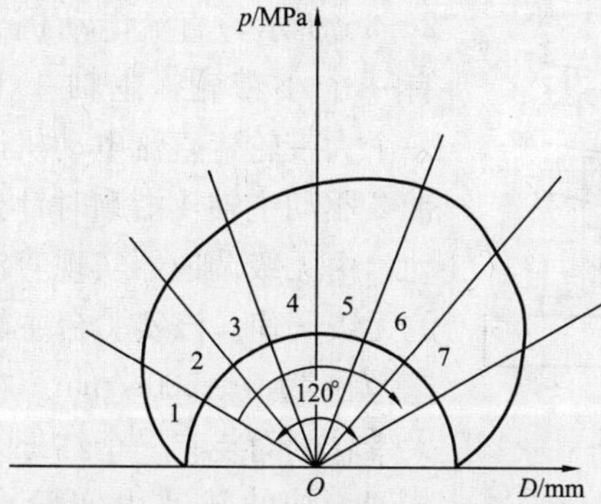

图 2-32 周向油膜压力分布曲线

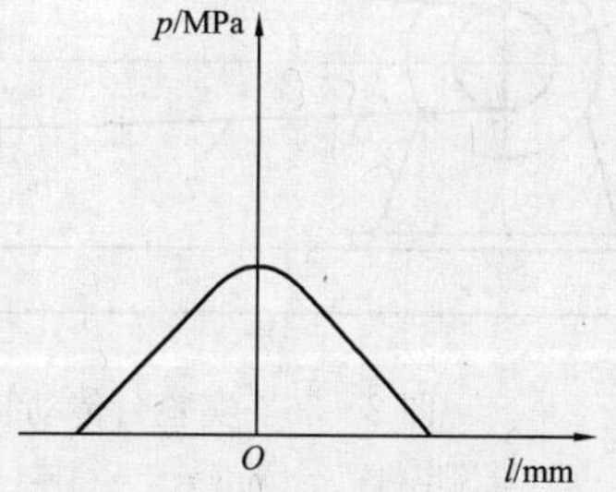

图 2-33 轴向油膜压力分布曲线

（3）测量径向液体动压滑动轴承在不同转速、不同载荷、不同黏度润滑油情况下的摩擦系数 f 值，根据取得的一系列 f 值，可以做出滑动轴承的摩擦特性曲线，进而分析液体动压的形成过程，并找出非液体摩擦到液体摩擦的临界点，以便确定在一定载荷、一定黏度润滑油润滑的情况下形成液体动压的最低转速，或一定转速、一定黏度润滑油润滑的情况下保证液体动压状态的最大载荷（如图 2-34 所示）。

（4）观察液体动压的形成过程。在启动主轴时，一定要慢慢加速，因为此时轴承与主轴之间没有油膜，如果加速太快，容易烧坏轴瓦。为此该实验台人为地设计了轴承保护电路（如图 2-35 所示），当没有油膜时，油膜指示灯亮，在形成油膜后，正常工作时油膜指示灯

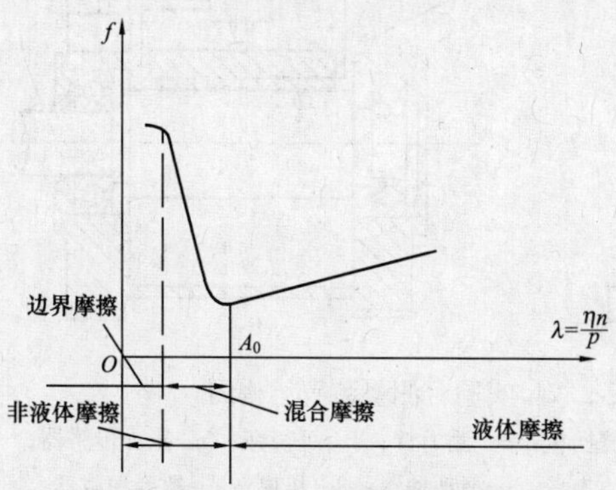

图 2-34 滑动轴承摩擦特性曲线

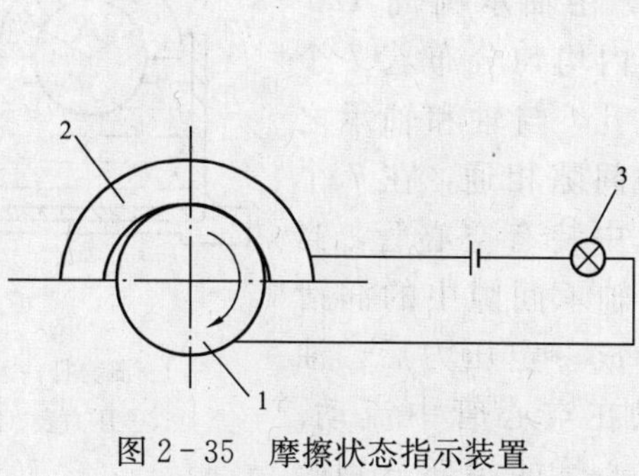

图 2-35 摩擦状态指示装置

1—轴；2—轴瓦；3—灯泡

灭。根据油膜指示灯装置，也可以观察液体动压润滑的形成过程和摩擦状态。

二、实验目的

(1) 观察径向滑动轴承液体动压润滑的形成过程和摩擦状态。

(2) 测定和绘制径向滑动轴承周向油膜压力分布曲线。

(3) 测定和绘制径向滑动轴承轴向油膜压力分布曲线。

(4) 了解径向滑动轴承的摩擦系数 f 的测量方法和摩擦特性曲线的绘制方法。

(5) 观察载荷和转速改变时油膜压力的变化情况。

三、实验原理

该实验使用的是 HS-A 型液体动压滑动轴承实验台，其主要部分介绍如下。

1. 实验台的传动装置

实验台传动装置结构如图 2-36 所示，直流电动机 1 上装有一个小带轮，主轴 4 上装有一个大带轮，直流电动机通过 V 带 2 驱动主轴 4 沿顺时针方向转动，由无级调速器实现直流电机的无级调速。该实验台主轴的转速范围为 3～500r/min。在主轴大带轮侧面装有一个红外线测速装置，轴的转速由实验台前面板上的转速数码管直接读出。

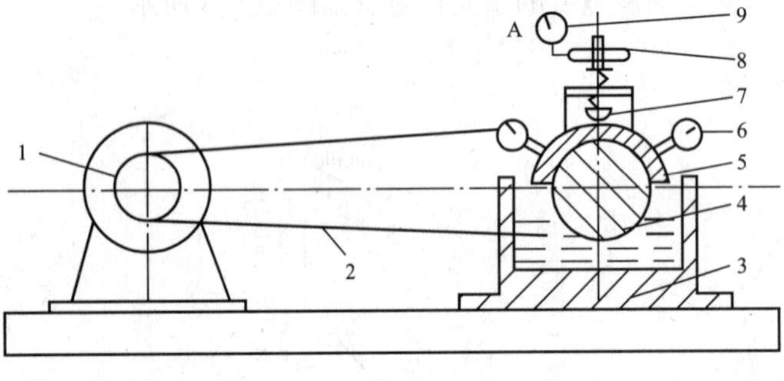

图 2-36 实验台传动装置结构图

1—直流电机；2—V 带；3—箱体；4—主轴；5—轴瓦；6—压力表；7—加载装置；8—弹簧片；9—测力计（百分表）

2. 轴承与轴间隙中油膜压力测量装置

实验台测量装置结构如图 2-37 所示，主轴 12 的两端分别装有一个滚动轴承，滚动轴承安装在机座 8 两端的轴承座孔内，支承主轴转动。主轴的下半部浸泡在润滑油中，当主轴转动时可以把油带入主轴与轴承的间隙中形成油膜。滑动轴承的轴瓦包角为 180°，在轴承圆周 120° 范围内均匀分布着 7 个小通孔，与轴和轴承之间的间隙相通，在 7 个小孔中装有空心管，当轴与轴承间隙中的润滑油形成一定压力后，油可以在空心管中流动，在空心管的端部分别装

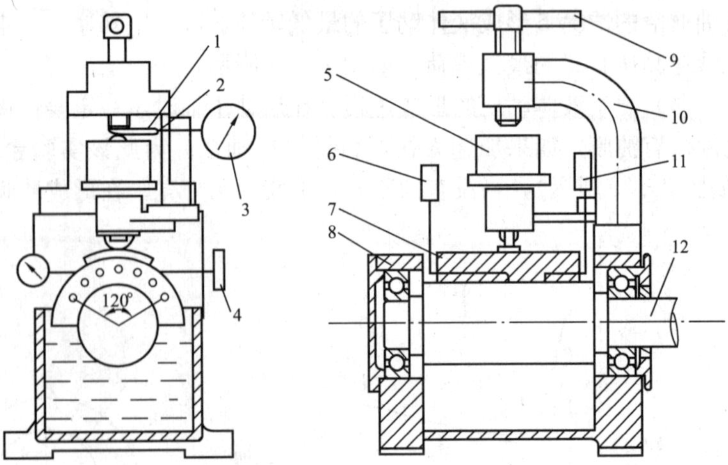

图 2-37 实验台测量装置结构图

1—测力杆；2—弹簧挡板；3—测力计；4—平衡锤；5—压力传感器；6—压力表（第 4 块表）；7—滑动轴承；8—机座；9—螺旋加载器；10—机架；11—压力表（第 8 块表）；12—主轴

有 7 块压力表。油压推动压力表针转动，从而测量出圆周方向 7 个位置的油压分布值。装在轴承宽度 $B/4$ 处的第 8 块压力表，与前 7 块结构相同，表示轴向压力分布值。

滑动轴承连同轴承上装的 8 块压力表及测力杆一起安装在主轴的上半部（悬浮式安装，见图 2-37）。随着主轴转速的提高，轴与轴承间隙中的油膜压力越来越大，此时通过装在轴承上的 8 块压力表，可以直接观测滑动轴承在圆周方向和轴线方向的油膜压力分布值，以及油膜压力随主轴变化的情况。

3. 加载装置

油膜的径向压力分布曲线是在一定的载荷和一定的转速下绘制的。当载荷改变或主轴转速改变时所测量出的压力值是不同的，所绘出的压力分布曲线的形状也是不同的。转速的改变方法是由无级调速器实现，载荷的改变方法是由螺旋装置实现（见图 2-37）。在实验台的机架 10 上装有一套螺旋装置和一个压力传感器，转动螺旋杆，压紧传感器，力通过传感器作用在滑动轴承上。改变螺旋杆的转动方向，即可改变载荷的大小，所加载荷之值通过传感器数字显示，直接在实验台前面板上读出。这种加载方式的主要优点是结构简单、可靠、使用方便、载荷的大小可任意调节。但在起动电动机之前，一定要使滑动轴承处在零载荷状态，以免烧坏轴瓦。

4. 摩擦系数 f 的测量装置

径向滑动轴承的摩擦系数 f 随轴承的特性系数 $\eta n/p$ 值的改变而改变（η 为润滑油的动力黏度，n 为主轴转速，p 为压强，$p=F_r/BD$，F_r 为轴承上所受载荷，B 为轴瓦宽度，D 为轴承直径）。在边界摩擦时，f 随 $\eta n/p$ 的增大而增大，进入混合摩擦后，随 $\eta n/p$ 的增大 f 值急剧下降，在刚形成液体摩擦时 f 达到最小值，此后，随 $\eta n/p$ 的增大油膜厚度也随之增大，f 值也有所回升（如图 2-34 所示）。

摩擦系数 f 值可通过测量轴承的摩擦力矩而得到。当主轴转动时，轴对轴承产生周向摩擦力 F，其摩擦力矩为 $F\times d/2$（d 为轴的直径）。由于轴承是悬浮式安装，该力矩可使轴承随轴翻转。因此在轴承径向方向装有一个测力杆，在实验台机架上装有一块弹簧挡板，在弹簧挡板的另一侧装有一个测力计（百分表）。当轴承欲随轴翻转时，测力杆被弹簧挡板顶住，使轴承不能随轴翻转，保持径向平衡位置。此时在测力杆作用下，弹簧挡板产生变形，其变形量 Δ 值由测力计测量。变形量 Δ 值在测力计上显示的是转动的格数，已知测力计每转动一格，需 0.098N 的作用力（测力计的标定刚度系数 $K=0.098$N/格），设测力杆上 A 点为测力点，则该点的作用力 $Q=K\Delta$。摩擦系数 f 值求解过程如下。

已知测力杆上测力点 A 点距轴承中心线距离 $L=120$mm，作用给轴承的平衡力矩为

$$M=LQ=LK\Delta \tag{2-10}$$

根据力矩平衡条件得

$$F\times d/2=LK\Delta \tag{2-11}$$

又根据摩擦力 $F=fF_r$（F_r 为轴承所受外载荷），把力矩平衡条件公式代入摩擦力计算公式得

$$f=\frac{2LK\Delta}{F_r d} \tag{2-12}$$

由整理后的摩擦系数计算公式，可求出不同载荷、不同转速下的摩擦系数 f 值，可绘出摩擦特性曲线（如图 2-34 所示）。

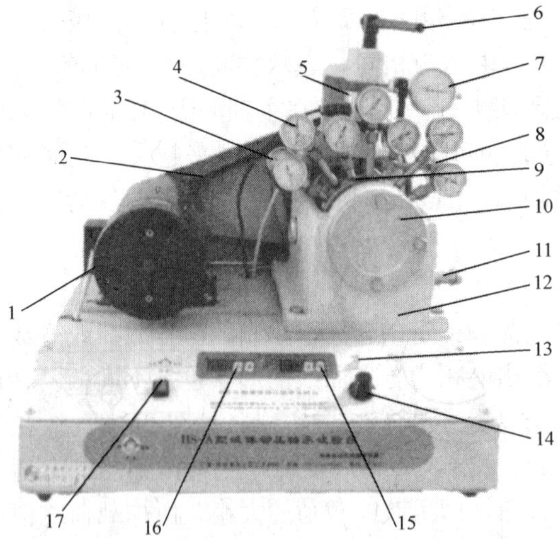

图 2-38　HS-A 型液体动压滑动轴承实验台

1—直流电机；2—V 带传动；3—轴向油压表；4—径向油压表；5—压力传感器；6—加载手柄；7—百分表；8—平衡配重；9—轴瓦；10—轴；11—放油孔；12—油箱；13—摩擦状态指示装置；14—调速旋钮；15—载荷显示表；16—转速显示表；17—电源开关

5. 摩擦状态指示装置

摩擦状态指示装置如图 2-35 所示。当主轴不转时，可看到灯泡很亮。当主轴在很低的转速下运转时，轴将润滑油带入轴与轴瓦之间的间隙内，但由于此时的油膜很薄，轴与轴瓦之间部分微观不平度的凸峰处仍有接触，故灯忽亮忽暗。当轴的转速达到一定值时，轴与轴瓦之间形成的油膜厚度完全遮盖了两表面之间微观不平度的凸峰高度，油膜完全将轴与轴瓦隔开，灯泡熄灭。

四、实验设备

该实验使用的是 HS-A 型液体动压滑动轴承实验台，实验台外观如图 2-38 所示。

实验台主要技术参数如下：

实验台型号	HS-A
试验轴承	轴承内径 D=70mm
	有效宽度 B=125mm
	粗糙度 Ra=1.6
	材料 ZCuSn5Pb5Zn5
主轴	直径 d=70mm，材料为 45 号钢，淬火，磨光
加载范围	0～1000N
测力杆上测力点距轴承中心距离	L=120mm
测力计（百分表）刚度标定值	K=0.098N/格
百分表精度	0.01mm，量程 0～10mm
油压表量程	0～0.6MPa
电机功率	355W
调速范围	3～500r/min

五、实验步骤

1. 开机前的准备工作

（1）检查百分表（测力计），使其触头压在弹簧挡板上，并具有少量的压力值，确保触头不脱离弹簧挡板。

（2）检查螺旋加载装置，使其处于零加载位置。

（3）检查调速旋钮，逆时针旋转到底。

2. 实验步骤

（1）开启电源，此时摩擦状态指示灯泡很亮。慢慢顺时针旋转调速旋钮，逐渐提高轴的转速（随轴转速的提高，指示灯忽明忽暗，当轴的转速在200r/min左右时，灯泡完全熄灭，此时已处于完全液体润滑状态，继续用旋转调速旋钮使轴的转速达到500r/min（转速显示窗读数）。

(2) 顺时针旋转加载杆，将载荷加到800N（前面板压力显示窗读数）。

(3) 运转几分钟，待各表稳定后，记录所加载荷 F_r 值、主轴转速、进口油温、测力计（百分表）的转动格数 Δ 值及1～8块压力表的指示值。

(4) 保持载荷800N保持不变的情况下，逐级降低转速（400r/min、300r/min、200r/min、150r/min、100r/min、50r/min、30r/min、20r/min、10r/min）每改变一级转速，记录一次主轴转速、百分表转动格数 Δ 值。当转速降至轴与轴瓦接触也就是非液体摩擦时，将此时的 Δ 值采集下来，第一次测量结束。

(5) 调整螺旋加载杆，将压力显示窗的数值降至400N（改变载荷进行第二次测量），慢慢将主轴转速调至500r/min，重复做步骤(3)、(4)。

(6) 两次测量结束后，卸载、降速，当转速、压力显示窗显示数值为零后，关掉电源开关。

(7) 如果想多做几种不同载荷情况下的油膜压力和摩擦特性曲线可按以上步骤重复做。

(8) 整理上述二组实验数据并绘制成曲线。

1) 轴向油膜压力分布曲线。油膜压力沿轴向呈抛物线分布，分布曲线由圆周方向第4块表（此表与第8块表在轴向的同一个剖面内）和轴线方向第8块表获得，具体画法如图2-33所示，根据轴承宽度 B 值按比例画出一条水平线，在此线的1/2处用第4块表的值，1/4和3/4处用第8块表的值按比例分别画出垂直于水平线的压力线，将各压力线的端点连成光滑曲线，此曲线就是所测轴承的轴向油膜压力分布曲线。

2) 周向油膜压力分布曲线。如图2-32所示，按比例以轴承内径为直径画出一个半圆（即上半部轴承投影），沿圆周表面从左至右画出角度分别为30°、50°、70°、90°、110°、130°、150°的线，分别得出油孔点1、2、3、4、5、6、7的位置。通过这些点做圆心连线的延长线，在各延长线上，将圆周方向测出的7块压力表值按比例截取压力线为1—1′、2—2′、3—3′、…、7—7′。将1′、2′、3′、…、7′各点连成光滑曲线，此曲线就是所测轴承的周向油膜压力分布曲线。

3) 轴承摩擦特性曲线。将所测百分表格数 Δ 值分别代入摩擦系数 f 计算公式，可以求出一系列的 f 值，再根据转速和载荷条件，求出一系列轴承特性系数 $\eta n/p$ 的值，将所求的值按比例绘出如图2-34所示的摩擦特性曲线。

六、思考题

(1) 径向滑动轴承形成液体动压润滑的条件是什么？

(2) 滑动轴承与滚动轴承比较有哪些独特优点？为什么？

(3) 径向滑动轴承的轴颈与轴承孔间的摩擦状态为哪种？

(4) 影响轴承承载量的因素是什么？

(5) 常用的轴瓦材料有哪些？轴瓦材料除应满足摩擦系数小和磨损少以外，还应满足什么要求？

实验10 轴系结构设计实验

一、概述

轴系结构是机械系统的重要组成部分，也是机械设计课程教学的重点内容。由于轴系结构设计涉及的加工工艺、装配工艺方面的问题较多，实践性较强，而学生在进入机械设计课程学习阶段还没有独立进行机械设计的经验，因此，教师在课堂上用语言论述轴系结构设计过程，类似纸上谈兵。

为提高教学质量，强化轴系结构设计能力的训练，参加轴系结构设计实验是很有必要的。通过实验可以熟悉并掌握轴的结构和轴承组合结构设计的基本要求，加深课堂上所学知识的理解与记忆，大大提高工程实践能力，为后面的综合课程设计训练打好基础，还可以培养创新意识。

二、实验目的

（1）了解并掌握轴、轴承、轴系结构。

（2）了解轴上零件的功能、定位、固定方式、结构及装配。

（3）熟悉并掌握轴系结构设计中有关轴的结构设计、滚动轴承组合设计的基本方法。

（4）建立对轴系结构的感性认识，巩固所学轴系结构设计的理论知识。

三、实验原理

进行轴的结构设计时，通常首先按扭转强度初步计算出轴端直径，然后在此基础上全面考虑轴上零件的布置、定位、固定、装拆、调整等要求，以及减少轴的应力集中，保证轴的结构工艺等因素，以便经济合理地确定轴的结构。

1. 轴上零件的布置

轴上零件应布置合理，使轴受力均匀，提高轴的强度。

2. 轴上零件的定位和固定

零件安装在轴上，要有一个确定的位置，即要求定位准确。轴上零件的轴向定位是以轴肩、套筒、轴端挡圈、圆螺母等来保证的；轴上零件的周向定位是通过键、花键、销、紧定螺钉及过盈配合来实现的。

3. 轴上零件的装拆和调整

为了使轴上零件的装拆方便，并能进行位置及间隙的调整，常把轴做成阶梯轴。为装拆方便而设置的轴肩高度一般可取为1～2mm，安装滚动轴承处的轴肩高度应低于轴承内圈的厚度，以便于拆卸轴承。轴承游隙的调整，常用调整垫片厚度的方式来实现。

4. 轴应具有良好的制造工艺性

轴的形状和尺寸应满足加工、装拆方便的要求。轴的结构越简单，工艺性越好。

5. 轴上零件的润滑

滚动轴承的润滑可根据速度因数 dn 值（d 为滚动轴承的内径，n 为滚动轴承的转速）选择油润滑或脂润滑，不同的润滑方式采用的密封方式也不同。

四、实验设备

1. 实验设备

组合轴系结构设计实验箱如图2－39所示，由8类40种200个零件组成，零件材料为铝合金，采用精密加工方式制成。供学生按照设计思路进行装配和模拟设计，能方便地组合出多种轴系结构方案。组合轴系结构设计实验内容见表2－6，图2－40列出了两种参考方案。

图2－39 组合轴系结构设计实验箱

表2－6 **组合轴系结构设计实验内容**

实验题号	已知条件				
	齿轮类型	载荷	转速	其他条件	示意图
1	小直齿轮	轻	低		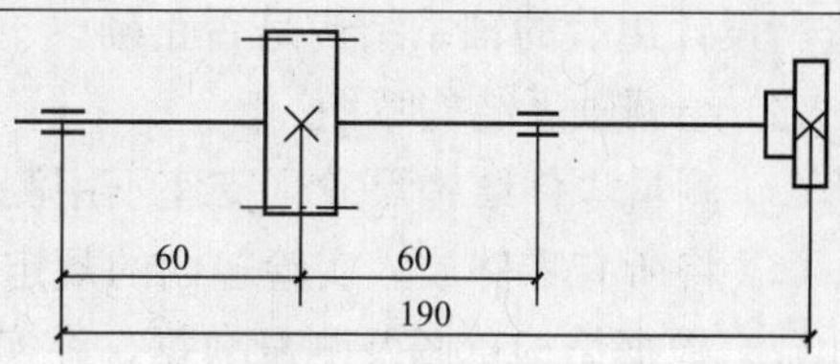
2		中	高		
3	大直齿轮	中	低		
4		重	中		
5	小斜齿轮	轻	中		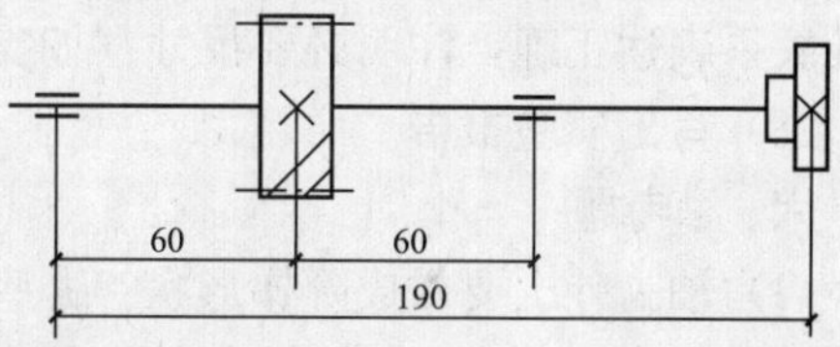
6		中	高		
7	大斜齿轮	中	中		
8		重	低		
9	小锥齿轮	轻	低	锥齿轮轴	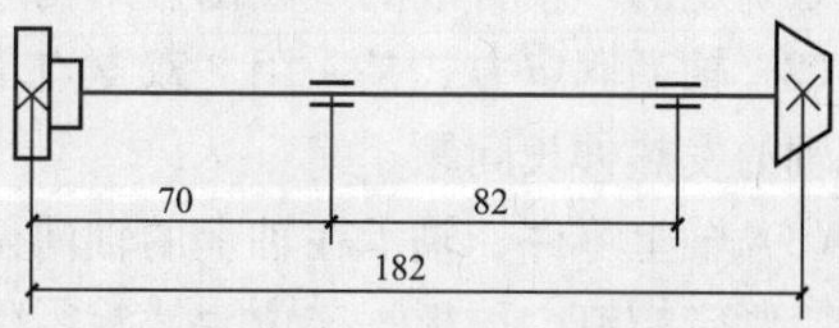
10		中	高	锥齿轮与轴分开	
11	蜗杆	轻	低	发热量小	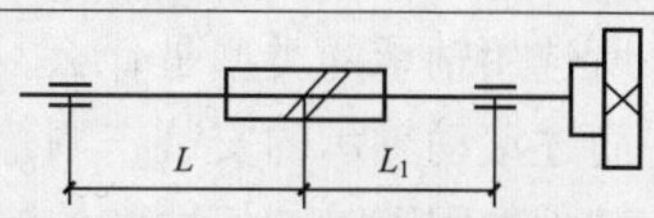
12		重	中	发热量大	

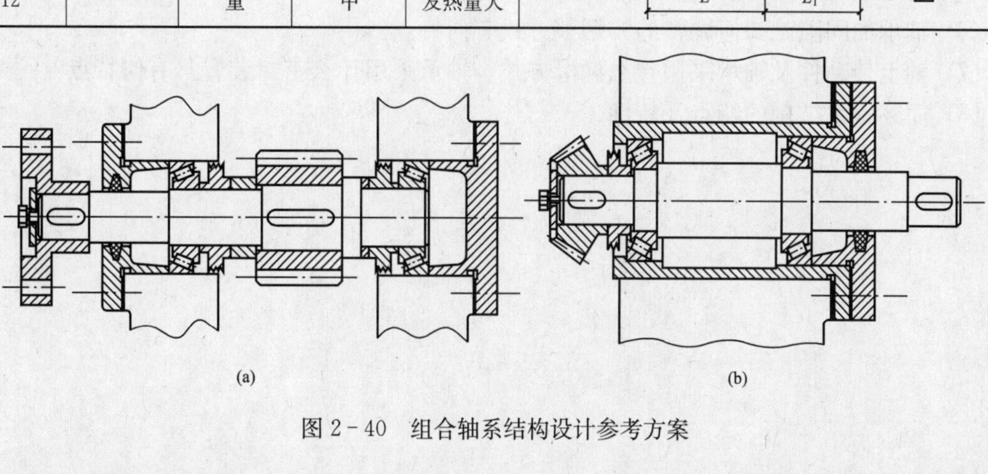

图2－40 组合轴系结构设计参考方案

2. 测量及绘图工具

钢尺、游标卡尺、内外卡钳、铅笔、三角板等。

五、实验步骤

(1) 指导教师根据表 2-6 选择性安排每组的实验内容或学生自主拟定实现的轴系结构功能及其设计方案。

(2) 每组学生根据实验题号的要求，构思轴系结构方案，绘制轴系结构方案示意图。

1) 根据齿轮类型选择滚动轴承型号。

2) 确定支承轴向固定方式（两端固定，一端固定、一端游动）。

3) 根据齿轮圆周速度（高、中、低）确定轴承润滑方式（脂润滑、油润滑）。

4) 选择端盖形式（凸缘式、嵌入式）并考虑透盖处密封方式（毡圈、皮碗、油沟）。

5) 考虑轴上零件的定位与固定、轴承间隙调整等问题。

6) 绘制轴系结构方案示意图。

(3) 组装轴系部件。根据轴系结构方案，从实验箱中选取合适零件并组装成轴系部件，检查所设计组装的轴系结构是否正确。

(4) 绘制轴系结构草图。

(5) 测量零件结构尺寸（支座不用测量），并做好记录。

(6) 将所有零件放入实验箱内的规定位置，交还所借工具。

(7) 根据结构草图及测量数据，在实验报告上按 1∶1 比例绘制轴系结构装配图，要求装配关系表达正确，注明必要尺寸（如支承跨距、齿轮直径与宽度、主要配合尺寸）。

(8) 写出实验报告。

六、思考题

(1) 轴为什么要做成阶梯形状？哪些部分被称为轴颈、轴身、轴肩？它们的尺寸是根据什么来确定的？轴各段的过渡部位结构应注意什么？

(2) 轴系固定方式是采用“双支点单向固定”还是“单支点双向固定”？为什么？如何考虑轴的发热伸长问题？

(3) 轴上零件、轴承在轴上的轴向位置是如何固定的？轴系中是否采用了卡圈、挡圈、锁母、紧定螺钉、压板、定位套筒等零件？它们起何作用？结构形状有何特点？

(4) 所选用轴承的类型是什么？它们的布置和安装方式有何特点？

(5) 简述滚动轴承的安装、调整方法。

(6) 轴承的间隙是如何调整的？调整方式有何特点？

(7) 轴上传动件及轴承采用什么润滑方式？轴承采用什么密封装置？有何特点？

(8) 简述轴系结构的特点及特性。

实验11 减速器拆装实验

一、概述

机械专业的学生在学习了机械制图、工程力学、几何精度测量、机械原理、机械设计、机械CAD等课程以后，为进一步培养学生独立设计的能力，还要进行2～3周的综合设计能力训练。而减速器是一种普遍通用的机械设备，其结构包括了传统件设计（直齿轮、斜齿轮、锥齿轮、蜗杆等），支撑件设计（轴、轴承等），箱体设计及密封等，是培养学生首次独立完成设计任务的良好参照设备。

由于学生是首次独立进行机械设计，对齿轮结构、加工过程、安装形式不熟悉；对轴的结构、加工过程、选材、热处理不熟悉；对箱体结构、铸造（焊接）过程不熟悉；对轴承型号选择、密封形式选择、连接件选择与安装没有经验。所以让学生亲自动手进行减速器实物拆装很有必要。通过减速器拆装实验，可以使学生对减速器各个零部件有直观的认识，进一步了解和掌握各零部件的结构意义、加工工艺、安装方法。尤其是运动件与运动件之间的安装要求、运动件与固定件之间的安装要求、轴承的拆装等，通过拆装实验，可以起到事半功倍的作用。

二、实验目的

(1) 了解减速器结构，熟悉各零件的名称、形状、用途及各零件之间的装配关系。

(2) 观察齿轮的轴向、周向固定方式及安装顺序。

(3) 了解轴承的安装尺寸和拆装方法。

(4) 了解减速器各附件的名称、结构、安装位置及作用。

(5) 培养对减速器主要零件尺寸的目测和实际测量能力。

(6) 辅助完成图纸绘制。

三、实验原理

减速器拆装实验的主要目的是熟悉减速器（见图2-41）的结构特点。根据零、部件的不同功能，减速器的结构可分为箱体、轴系部件和附件三大部分。

1. 箱体

减速器箱体的作用是支承轴系零件、固定轴系的位置、保证轴系运转精度。箱体内装有润滑轴系的润滑油，因此箱体必须是密封防尘的，但又要使箱体内外的大气压平衡，因此减速器箱体的重要质量指标是整体刚度、稳定性、密封性。大批量生产的减速器箱体常常采用铸造方法制作，铸造的材料通常是价廉的普通灰铸铁、球墨铸铁等，在有较高强度和刚度要求时使用铸钢。在某些场合为了使机器的重量尽可能轻，也有使用铝合金制作箱体的。如果生产的批量较小，则多数采用焊接的方式来制作箱体。

减速器箱体的受力情况较复杂，常常会受到较大的弯曲和扭转应力作用，因此如何在不大幅度增加重量的情况下提高箱体的刚度就显得很关键，在箱体外设计肋板就是很有效的办法。但采用肋板使箱体的加工工艺变得复杂。

铸造工艺方面的要求是箱体形状力求简单，易于造型和拔模，壁厚均匀，过渡平缓，金属不要局部积聚等。

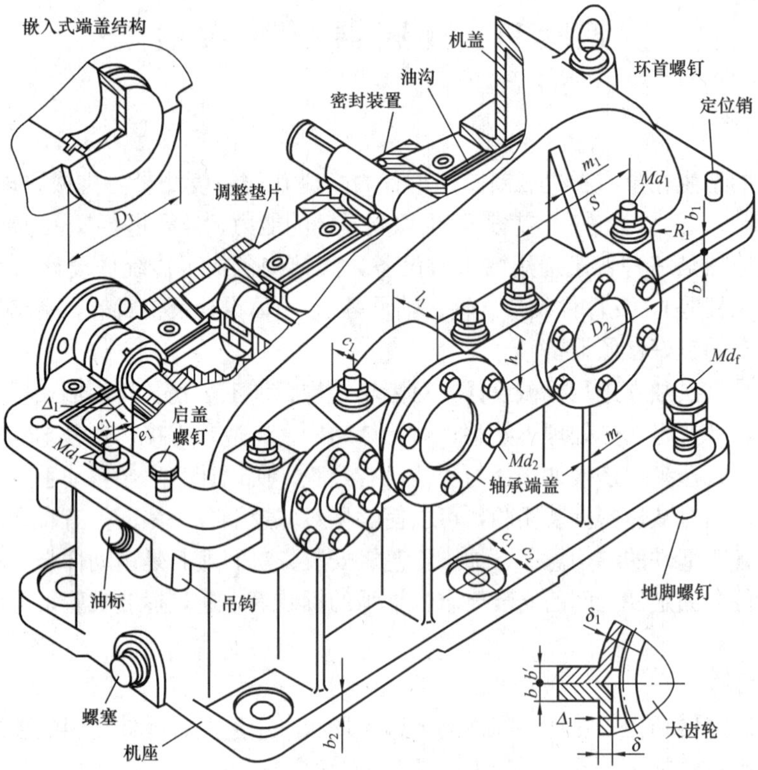

图 2-41 减速器

机械加工工艺方面应尽量减少加工面积，以提高生产率和减少刀具的磨损；应尽量减少工件和刀具的调整次数，以提高加工精度和节省加工时间，如同一轴上的两个轴承座孔直径应尽量相同。

当轴承采用箱体内的油润滑时，须在箱座剖分面的凸缘上开设输油沟，使飞溅到箱盖内壁上的油经输油沟流入轴承。输油沟有铣制和铸造两种形式，设计时应使箱盖斜口处的油能顺利流入油沟，并经轴承盖的缺口流入轴承。

2. 轴系部件

(1) 轴。减速器中的齿轮或蜗轮、蜗杆，需要安装在轴上。为了轴上零件安装定位的方便，大多数是阶梯轴，当齿轮和轴径相差不大时，可制成齿轮轴。轴的设计应满足强度和刚度的要求，对于高速运转的轴要注意振动稳定性的问题。轴的结构设计应保证轴和轴上零件有确定的工作位置，轴上零件应便于装拆和调整，轴应具有良好的制造工艺性。轴的材料一般采用碳钢和合金钢。

(2) 齿轮。由于齿轮传动具有传动效率高、传动比恒定、结构紧凑、工作可靠等优点，减速器都采用齿轮传动。齿轮采用的材料有锻钢，铸钢、铸铁、非金属材料等。一般用途的齿轮常采用锻钢，经热处理后切齿，用于高速、重载或精密仪器的齿轮还要进行磨齿等精加工；当齿轮的直径较大时采用铸钢；速度较低、功率不大时用铸铁；高速轻载和精度要求不高时可采用非金属材料。

(3) 轴承。减速器中的轴用轴承支承在箱体上，可根据所受载荷的大小、方向和性质选择轴承的类型。由于减速器的空间有限，所以常采用滚动轴承而不采用滑动轴承。

3. 附件

(1) 窥视孔和视孔盖。窥视孔应开在箱盖顶部，窥视孔应足够大，以便于观察传动零件啮合的情况，并可由窥视孔注入润滑油。窥视孔应设凸台以便于加工。视孔盖可用铸铁、钢板或有机玻璃制成。孔与盖之间有密封垫片。

(2) 油标。油标用来指示油面高度，一般安置在低速级处。油标形式有油标尺、管状油标、圆形油标等，常用的是带有螺纹的油标尺。油标尺的安装位置不能太低，以防油从该处溢出。油标座孔的倾斜位置要保证油标尺便于插入和取出。

(3) 放油孔和油孔螺塞。工作一段时间后，减速箱内的润滑油需要进行更换。为使减速箱中的污油能顺利排放，放油孔应开在油池的最低处，油池底面有一定斜度，放油孔座应设凸台，螺塞与凸台之间应有油圈密封。

(4) 通气器。减速器工作时由于轮齿啮合摩擦会产生热量，热量使箱内的空气受热膨胀，通气器能使箱内受热膨胀的气体排出，使箱内外气压平衡，避免密封处渗漏。通气器一般安放在箱盖顶部或视孔盖上，要求不高时，可用简易的通气器。

(5) 起吊装置。起吊装置用于拆卸和搬运减速器，包括吊环螺钉、吊耳和吊钩。吊环螺钉或吊耳用于起吊箱盖，设计在箱盖两端的对称面上。吊环螺钉是标准件，设计时应有加工凸台，便于机械加工。吊耳可在箱盖上直接铸出。吊钩用于吊运整台减速器，在箱座两端的凸缘下面铸出。

(6) 定位销。定位销用来保证箱盖与箱座连接及轴承座孔的加工和装配精度。一般用两个圆锥销安置在连接凸缘上，距离较远且不对称布置，以提高定位精度。定位销长度要大于连接凸缘的总厚度，定位销孔应为通孔，以便于装拆。

(7) 起盖螺钉。在拆卸箱体时，起盖螺钉用于顶起箱盖。其安置在箱盖凸缘上，其长度应大于箱盖连接凸缘的厚度，下端部做成半球形或圆柱形，以免在转动时损坏螺纹。

四、实验设备

1. 实验仪器设备

各种减速器（如单级圆柱齿轮减速器、两级圆柱齿轮减速器、圆锥-圆柱齿轮减速器、蜗杆减速器等）的运动简图见表2-7。

表2-7 实验用减速器的运动简图

名 称	运动简图	推荐传动比
单级圆柱齿轮减速器	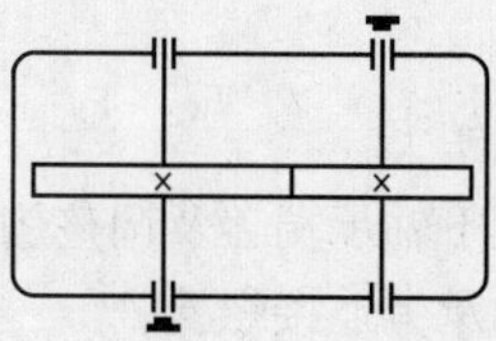	$i\leqslant 8\sim 10$

续表

名称		运动简图	推荐传动比
两级圆柱齿轮减速器	展开式	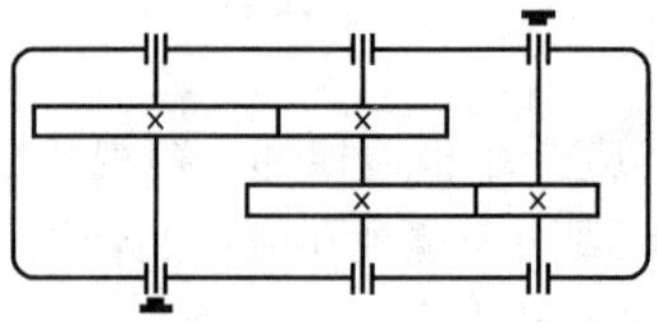	$i=i_1 i_2$ $i\leqslant 8\sim 60$
	分流式	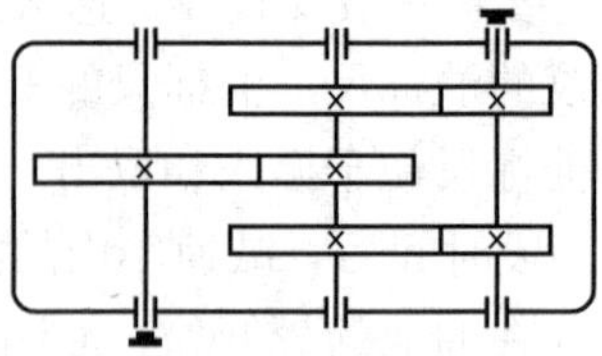	$i=i_1 i_2$ $i\leqslant 8\sim 60$
	同轴式	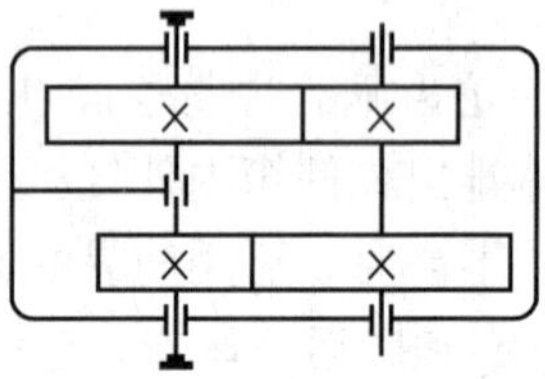	$i=i_1 i_2$ $i\leqslant 8\sim 60$
单级锥齿轮减速器		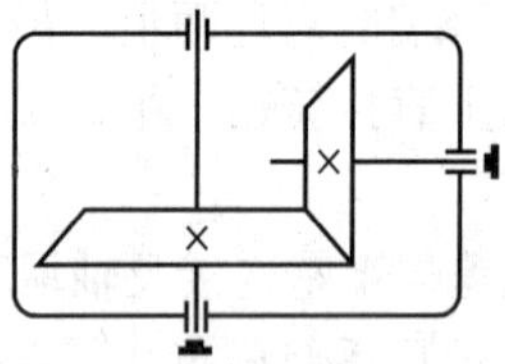	$i\leqslant 8\sim 10$
两级锥齿轮-圆柱齿轮减速器		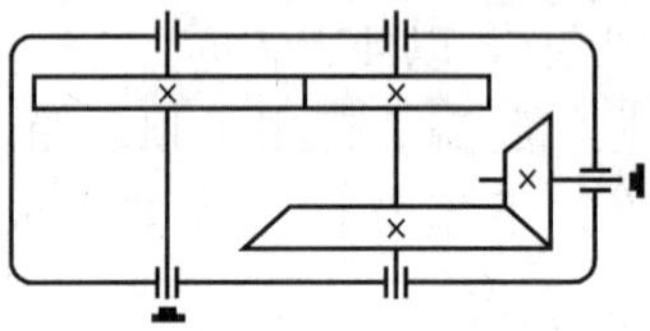	$i=i_1 i_2$ 直齿锥齿轮 $i\leqslant 8\sim 22$ 斜齿或曲线齿锥齿轮 $i\leqslant 8\sim 40$
单级蜗杆减速器		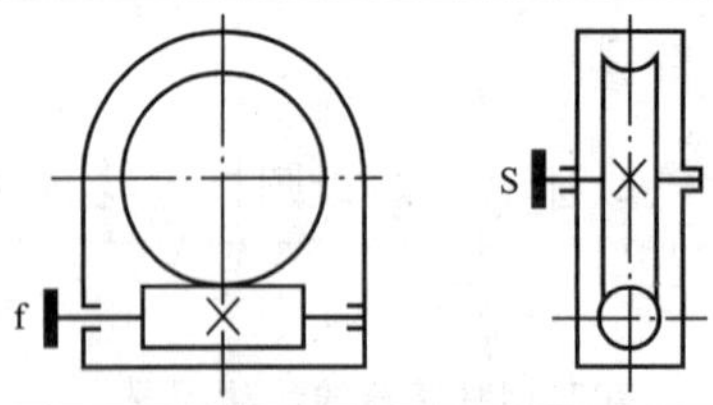	$i\leqslant 10\sim 80$

2. 测量及绘图工具

扳手、榔头、直尺、游标卡尺等。

五、实验步骤

(1) 拔出减速器箱体两端的定位销。

(2) 拧下轴承端盖上的螺栓，取下轴承端盖及调整垫片。

(3) 拧下上下箱体连接螺栓及轴承旁连接螺栓。

(4) 把上箱体取下。

(5) 测量齿轮端面至箱体内壁的距离并记录，测量输出端大齿轮外圆至箱体内壁的距离和输入端小齿轮外圆至箱体内壁的距离并记录，测量输出端大齿轮外圆至下箱体底面的距离并记录。

(6) 逐级取下轴上的轴承、齿轮等，观察轴的结构，测量阶梯轴的各段直径及其长度。测量齿轮轮毂宽度和轴承宽度，与安装齿轮处轴的长度和安装轴承处轴的长度进行尺寸比较。

(7) 目测训练：估算齿轮（蜗轮）的齿数、外圆直径、齿宽、两齿轮的中心距，轴的直径等，然后再用测量工具测量上述尺寸。

(8) 测量轴的安装尺寸，了解轴承的安装、拆卸、固定、调整方法（包括与之相关的轴承端盖结构、调整垫片、挡油环结构）。

(9) 了解并掌握齿轮在轴上的轴向固定方法。

(10) 观察了解减速器辅助零件的用途、结构和安装位置的要求。

(11) 目测与测量各种螺栓直径：地脚螺栓、轴承旁连接螺栓、上下箱体连接螺栓、轴承端盖连接螺栓、窥视孔盖连接螺栓、起盖螺钉、吊环螺钉等。

(12) 测量箱体有关尺寸：两轴承孔间中心距、中心高、上下箱体壁厚、地脚凸缘厚度与宽度、上下箱体连接凸缘厚度与宽度、轴承旁凸台宽度与高度、筋板厚度等。

(13) 将所测内容及尺寸填入表格中（记录表格见实验报告）。

(14) 拆卸、测量完毕、依次装回。

(15) 经指导老师检查装配良好、工具齐全后，方能离开现场。

六、思考题

(1) 齿轮减速器的箱体，为什么沿轴线平面做成剖分式？

(2) 对于圆锥齿轮轴系及蜗杆轴系，如何调整啮合位置以保证接触良好？

(3) 箱体、箱盖上为什么要设计筋板？为什么有的上箱盖没有筋板？筋板有什么作用？如何布置？

(4) 上下箱体连接的凸缘在轴承处比其他处高，为什么？

(5) 上箱体设有吊环，为什么下箱体还有吊钩？

(6) 箱体上的螺栓连接处均做成凸台或沉孔，为什么？

(7) 上下箱体连接螺栓处及地脚螺栓处的凸缘宽度主要是由什么因素决定的？

(8) 有的轴承内侧装有挡油板，有的没有，为什么？

(9) 小齿轮和大齿轮的齿顶圆距箱体内壁的距离为什么不同？

(10) 箱体有哪些面需机械加工？需精加工的面有哪些？各有何主要加工要求？

(11) 轴各处的轴肩高度是否相同？为什么？

(12) 窥视孔盖上为什么要设计通气孔？孔的位置应如何确定？

(13) 窥视孔、通气器、定位销、油面指示器（测油尺）、放油孔等正确合理的位置各在哪里？

(14) 铸造成型的箱体最小壁厚是多少？如何减轻其重量及表面加工面积？

(15) 在用扳手拧紧或松开螺栓螺母时扳手至少要旋转多少度才能松或紧螺母？这与螺栓中心到外箱壁间距离有何关系？设计时距离应如何确定？

(16) 起盖螺钉的作用是什么？与普通螺钉结构有什么不同？

(17) 如果在箱体、箱盖上不设计定位销钉将会产生什么样的严重后果？为什么？

实验 12 机械传动系统性能综合测试与分析实验

一、概述

本实验重点介绍近年来国内教学与科研工作者研制的机械传动性能综合实验台。综合实验台是一种开放的新型机械设计综合实验装置，可进行有关典型机械传动（如带传动、链传动、齿轮传动、蜗轮蜗杆传动）及其组合传动等基本实验，实验台可用同一底座及各种配套组件组装成多种测试机械系统性能的综合实验台，如传动系统的最优方案设计等。

实验台采用模块化结构，学生可根据自己设计的实验方案和内容，自己动手进行设计、连接、装配和调试。被测传动机械配置齐全，组件具有较好的互换性。实验台采用自动控制测试技术与虚拟仪器理论进行设计，可用于教学和科研的自动控制和测试、数据采集及处理。机械部分采用了国内外新型机械传动结构，保证了实验台组装的快捷性及安装精度。

JCY 机械传动性能综合实验台基本构成为机械传动装置、动力输出装置、加载装置和控制与测试软件、工控机等。

二、实验目的

(1) 通过测试常见机械传动装置（如带传动、链传动、齿轮传动、蜗杆传动等）在传递运动与动力过程中的参数曲线（速度曲线、转矩曲线、传动比曲线、功率曲线及效率曲线等），加深对常见机械传动性能的认识和理解。

(2) 通过测试由常见机械传动装置组成的不同传动系统的参数曲线，掌握机械传动合理布置的基本要求。

(3) 通过实验认识机械传动综合实验台的工作原理，掌握计算机辅助实验的新方法，培养进行设计性实验与创新性实验的能力。

三、实验原理

机械传动性能综合实验台的工作原理框图如图 2-42 所示。变频电机、扭矩传感器、机械传动装置、扭矩传感器、负载调节装置之间用联轴器连接。工控机控制变频电机线性调节转速，变频电机的输出转矩和转速由扭矩传感器测量，变频电机通过扭矩传感器驱动机械传动装置，机械传动装置后也连接有扭矩传感器，并且系统末端有加载装置，负载可通过工控机进行调节。两个扭矩传感器的测量数据通过工控机进行计算和显示。

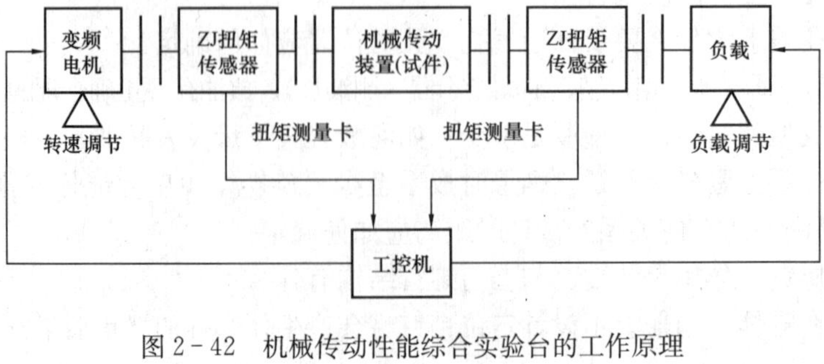

图 2-42 机械传动性能综合实验台的工作原理

四、实验设备

本实验在“机械传动性能综合实验台”上进行。实验台采用模块化结构，由不同种类的机械传动装置、联轴器、变频调速电机、加载装置和工控机等模块组成，学生可以根据选择或设计的实验类型、方案和内容，自己动手进行传动连接、安装调试和测试，进行设计性实验、综合性实验或创新性实验。

1. 实验台硬件说明

机械传动性能综合实验台各硬件组成部件的结构布局如图 2-43 所示。

实验台组成部件的主要技术参数见表 2-8。

各主要搭接件中心高及轴径尺寸见表 2-9。

为了提高实验设备的精度，实验台采用两个扭矩测量卡进行采样。测量精度达到±0.2%FS，能满足教学实验与科研生产试验的实际需要。

图 2-43 机械传动性能综合实验台的结构布局

1—加载与制动装置；2—联轴器；3—转矩转速传感器；4—传动装置
5—变频调速电机；6—台座；7—变频器；8—电器控制柜面板

2. 实验台硬件连接

(1) 先接好工控机、显示器、键盘和鼠标之间的连线，显示器的电源线接在工控机上，工控机的电源线插在电源插座上。

(2) 将主电机、主电机风扇、磁粉制动器、ZJ10 传感器（辅助）电机、ZJ50 传感器（辅助）电机与控制台连接，其插座位置在控制台背面右上方（见图 2-44）。

表 2-8　　实验台组成部件的主要技术参数

序号	组成部件	技术参数	备注
1	变频调速电机	550W	
2	ZJ 型转矩转速传感器	Ⅰ. 规格 5N·m； 输出讯号幅度不小于 100mV Ⅱ. 规格 50N·m； 输出讯号幅度不小于 100mV	
3	机械传动装置（试件）	直齿圆柱齿轮减速器 $i=5$ 蜗杆减速器 $i=10$ V带传动 齿形带传动 $P_b=9.525$，$Z_b=80$ 套筒滚子链传动 $z_1=17$，$z_2=25$	WPA50-1/10 O 型带 3 根 08A 型 3 根
4	磁粉制动器	额定转矩：50N·m 激磁电流：2A 允许滑差功率：1.1kW	
5	工控机	PC-800	

表 2-9　　搭接件参数表

YP-50-0.55 变频电机	中心高 80mm	轴径 $\phi19$
JZ5 转矩转速传感器	中心高 60mm	轴径 $\phi14$
JZ50 转矩转速传感器	中心高 70mm	轴径 $\phi25$
FZ-5 磁粉制动器	法兰式	轴径 $\phi25$
WPA50-1/10 蜗轮减速器	输入轴中心高	轴径 $\phi12$
	输出轴中心高	轴径 $\phi17$
齿轮减速箱	中心高 120mm	轴径 $\phi18$　中心距 85.5mm
轴承支承	中心高 120mm	轴径（a）$\phi18$ 轴径（b）$\phi14$、$\phi18$

（3）输入端 ZJ10 传感器的信号口Ⅰ、Ⅱ接入工控机内卡 TC-1（300H）的信号口Ⅰ、Ⅱ（见图 2-44）。

输出端 ZJ50 传感器的信号口Ⅰ、Ⅱ接入工控机内卡 TC-1（340H）的信号口Ⅰ、Ⅱ（见图 2-44）。

（4）将控制台 37 芯插头与工控机连接，即将实验台背面右上方标明为工控机的插座与工控机内 I/O 控制卡相连（见图 2-44、图 2-45）。

（5）注意：各线缆应当整理整齐，不能与旋转部件相接触。

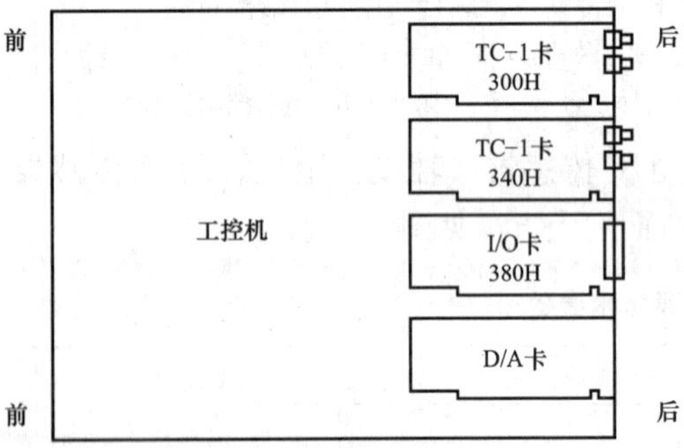

图 2-44　工控机插卡示意图

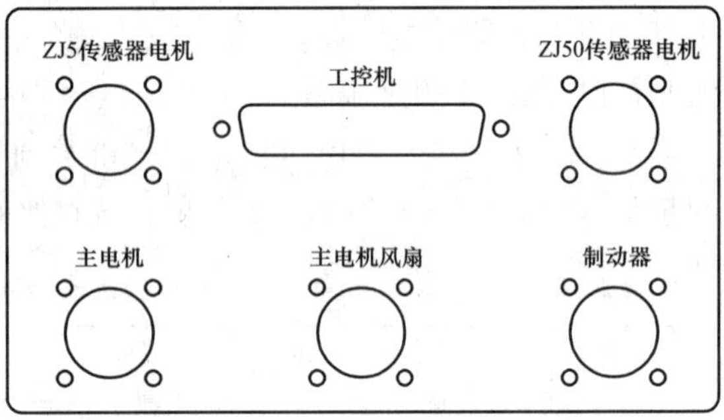

图 2-45　控制台背板接线图

3. 控制面板操作介绍

控制面板如图 2-46 所示。

机械传动性能综合实验台采用自动控制测试技术设计，所有电机为程控启动、停止，转速与负载均为程控调节，用扭矩测量卡替代扭矩测量仪，整台设备能够自动进行数据采集处理，自动输出实验结果，是高度智能化的产品。其控制系统主界面如图 2-47 所示。

4. 软件控制介绍

在工控机的屏幕桌面上双击 TEST 程序图标进入如图 2-47 所示实验台控制系统主界面。主界面主要由下拉菜单、显示面板、电机控制操作面板、数据编辑面板、被测参数数据库、测试记录数据库六部分组成。其中：电机控制操作面板主要用于控制实验台架；下拉菜单中可以设置各种参数；显示面板用于显示试验数据；测试记录数据库用于存放并显示临时

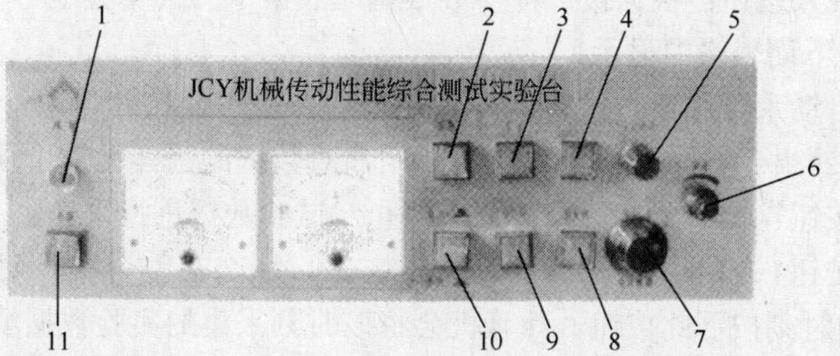

图 2-46 控制面板介绍

1—电源指示灯；2—主电机开关，开启、关闭变频电机；3—Ⅰ正转开关，输入端 JZ5 型传感器电机正向转动的开启、关闭；4—Ⅰ反转开关，输入端 JZ5 型传感器电机反向转动的开启、关闭；5—电流微调开关，FZ50 型磁粉制动器加载微调；6—调速开关，手动调整主电机转速；7—电流粗调开关，FZ50 型磁粉制动器加载粗调；8—Ⅱ正转开关，输出端 JZ50 型传感器电机正向转动的开启、关闭；9—Ⅱ反转开关，输出端 ZJ50 型传感器电机反向转动的开启、关闭；10—选择操作方式为自动或手动的开关；11—电源开关，接通、断开电源及主电机冷却风扇

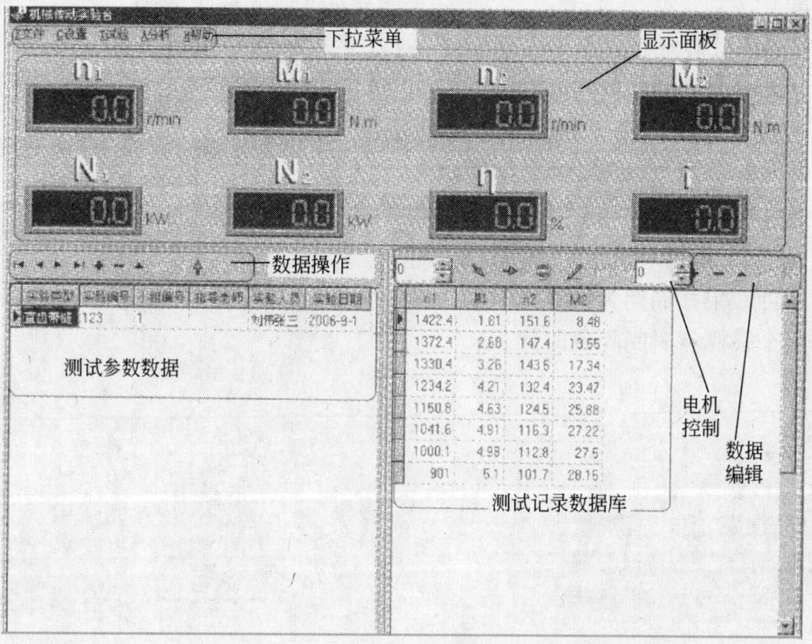

图 2-47 实验台控制系统主界面

测试数据；被测参数数据库用来存放被测参数；数据编辑面板主要用来编辑两个数据库中的数据。数据编辑面板主要由数据导航控件组成，其作用主要是对被测参数数据库和测试记录数据库中的数据进行操作。

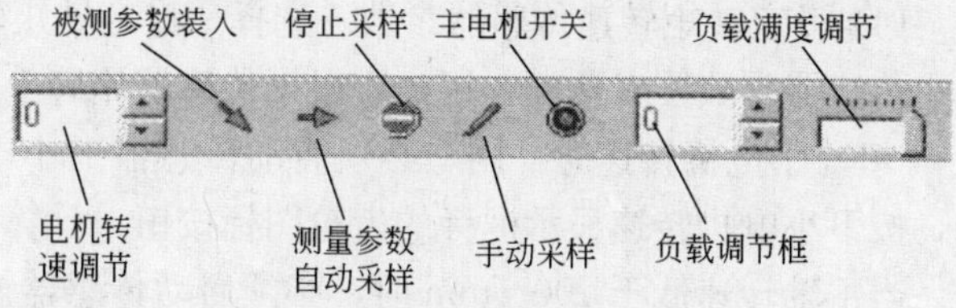

图 2-48 电机操作面板

（1）电机操作介绍。电机操作面板如图 2-48 所示。

1）电机转速调节框：通过调节框内数值可改变变频器频率，进而调节电机转速，变频器最高频率由变频器设置。

2）被测参数装入按钮：根据被试件参数数据库表格中的“实验编号”，装入与编号相符的实验数据，并在下面表格中显示。

3）测试参数自动采样按钮：试验台开始运行后，按下此按钮，由计算机根据设定的间隔时间自动进行采样并记录采样点的各参数，用户对数据的采样无需干预。

4）停止采样按钮：按下此按钮，计算机停止对试验数据进行采样。

5）手动采样按钮：如果用户选择手动采样方式，那么在整个实验期间，用户必须在认为需要采集数据的时刻按下此按钮，计算机会将该时刻采集的实验数据填入下面表格中，显示并等待用户进行下一个采样点的采样。

6）主电机电源开关：按下此按钮可以通、断主电机电源，并且通过图像显示当前电机电源状态。

7）电机负载调节框：控制此调节框，计算机将控制电机负载的大小（用磁粉制动器实现）。调节框数值为 0～100 可调，负载满度由后面的满度调节滑竿控制。

8）负载满度调节滑竿：限制可调负载的最大值，最左边满度为硬件满度的 1/10，最右边为硬件满度。

（2）设置基本试验常数。点击屏幕窗口左上方的“设置”出现如图 2－49 所示的下拉菜单，点击“基本试验常数”，在弹出如图 2－50 所示的设置报警参数窗口中设置报警参数。通常第一报警参数为输出转速 n_2，其下限为 0，上限为 1500r/min；第二报警参数为输出转矩，下限为 0，上限为 40N·m。“定时记录数据”框内数据为计算机对试验数据采样的时间，单位为分钟，采样周期为计算机自动采样时连续采集两个采样点时间隔的时间。

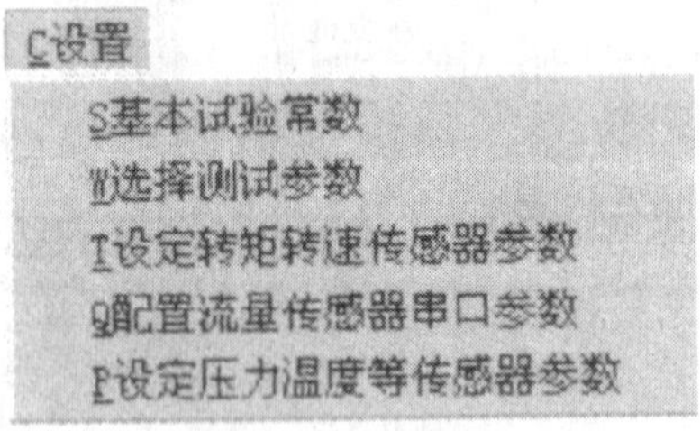

图 2－49　设置

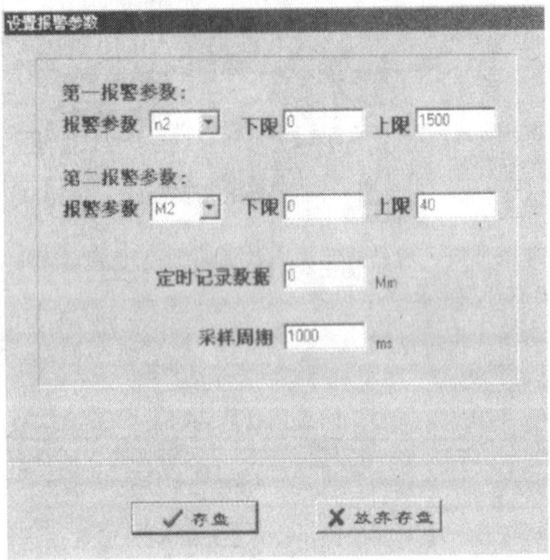

图 2－50　设置报警参数

（3）设置测试参数。在设置下拉菜单中点击“选择测试参数”，在弹出的菜单中可以设定测试的参数（见图 2－51）。本实验通常设置测试的参数有输入转速、输入转矩、输出转速、输出转矩、输入功率、输出功率、效率和速比。

（4）设定转矩转速传感器参数。选择“设定转矩转速传感器参数”时，系统弹出“设置扭矩传感器常数”对话框，用户应根据传感器铭牌上的标识正确填写各参数（见图 2－52）。

填写小电机转速时，用户必须启动传感器上小电机，此时测试台架主轴应处于静止状态，按下小电机转速显示框旁的齿轮图标按钮，计算机将自动检测小电机转速，并填入该框内。当主轴转速低于 100r/min 时，必须启动传感器上的小电机，且小电机转向必须与主轴转向相反。机械台架每次重新安装后都需要进行扭矩的调零，但是没必要每次测试都进行调

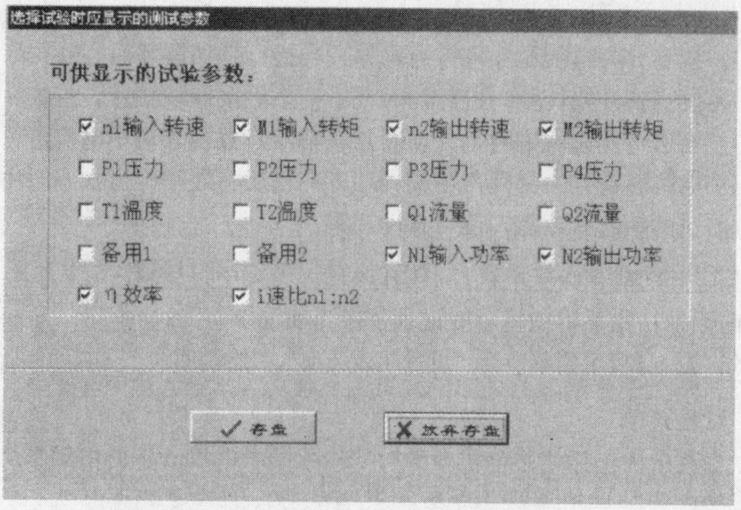

图 2-51　设置测试参数

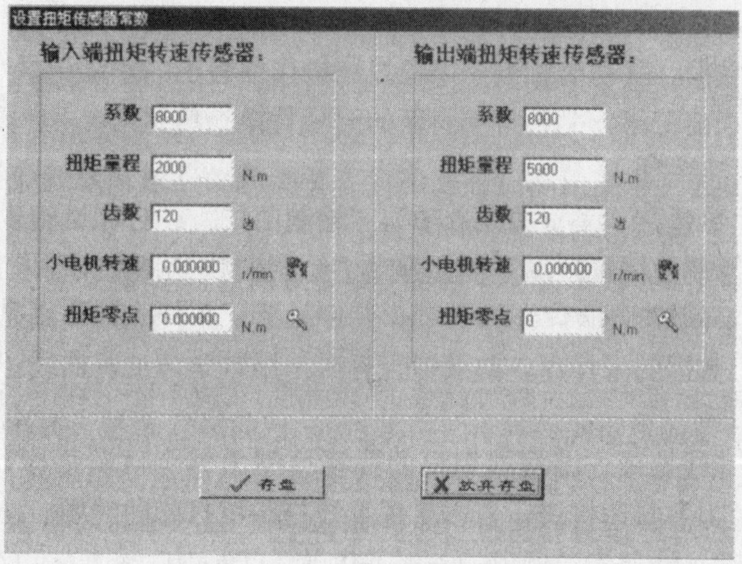

图 2-52　设定转矩转速传感器参数

零。调零时需注意，输入和输出一定要分开调零。调零分为精细调零和普通调零，当进行精细调零时，要先断开负载和联轴器，再使主轴开始转动，进行输入调零，然后接好联轴器，主轴转动，进行输出调零。当进行普通调零时则无须断开联轴器，直接开动小电机进行调零即可。但小电机转动方向必须与主轴转动方向相反，处于零点状态时用户只需按下调零框右边的钥匙状按钮，便可自动调零。

"设定转矩转速传感器参数"、"配置流量传感器串口参数"、"设定压力温度等"、"传感器参数"菜单项的设定会对实验台的实验精度产生较大影响，这部分的设定由实验指导教师执行。

(5) 试验菜单。实验主菜单内包括"主电机电源"，"输入端小电机 p 正转电源"，"输入端小电机 p 反转电源"，"输出端小电机 p 正转电源"，"输出端小电机 p 反转电源"，"开始采样”，“停止采样”，“记录数据”，“覆盖当前记录”菜单项。

1）主电机电源，其功能相当于电机控制操作面板上的主电机电源按钮。

2）输入端、输出端小电机正、反转电源，此四个菜单项可分别控制输入端、输出端传感器上小电机的正反转，以保证测试时小电机转向同主轴转向相反。

3）开始采样，其功能相当于电机控制操作面板上的开始采样按钮。

4）停止采样，其功能相当于电机控制操作面板上的停止采样按钮。

5）记录数据，其功能相当于电机控制操作面板上的手动记录数据。

6）覆盖当前记录，此菜单项将新的记录替换当前记录。

（6）分析菜单项。分析主菜单包括“设置曲线选项”、“绘制曲线”、“打印实验表格”菜单项。

1）打开绘制曲线选项，系统会弹出“绘制曲线选项”对话框，用户可根据自己的需要选择要绘制曲线的参数项，其中标记采样点的作用是在曲线图上用小圆点标记出数据的采样点，曲线拟合算法是用数学方法将曲线进行预处理，以便分析实验数据。

2）绘制曲线选项，即根据用户的选择绘制出整个实验采样数据的曲线图，在曲线图右上方有打印按键，点击后用系统打印机打印曲线图。

3）打印项，在选定的打印机上打印参数表格。

4）设置打印机，设定打印机的参数。

五、实验步骤

1. 实验前的准备

（1）搭接实验装置前，应仔细阅读本实验台的使用说明书，熟悉各主要设备的性能、参数及使用方法，正确使用仪器设备及测试软件。

（2）确定实验类型与实验内容，根据教师设置的实验题目选择实验。

（3）布置、安装被测机械传动装置。搭接实验装置时，由于电动机、被测传动装置、传感器、磁粉离合器的中心高均不一致，组装、搭接时应选择合适的垫板、支承板、联轴器，确保传动轴之间的同轴线要求。调整好设备的安装精度、以使测量的数据精确。

（4）在有带、链传动的实验装置中，为防止张紧压轴力直接作用在传感器上，影响传感器测试精度，一定要安装本实验台的专用轴承支承座。

（5）在搭接好实验装置后，用手转动电机轴，如果装置运转自如，即可接通、开启电源进入实验操作。否则重调各连接轴的中心高、同轴度，以免损坏转矩转速传感器。

（6）本实验台可进行手动或自动操作。手动操作可通过按动实验台正面控制面板上的按钮，即可完成实验全过程。

2. 实验操作测试

（1）自动操作

1）打开实验台电源总开关和工控机电源开关。

2）按下控制台电源按钮、接通电源，同时选择电机自动工作方式。

3）点击 Test 显示测试控制系统主界面，熟悉主界面的各项内容；下拉菜单设置部分，根据要求在弹出的“设置报警参数”、“选择实验时应显示的测试参数”对话框中选择报警参数、实验时应显示的测试参数。

4）键入实验教学信息：实验类型、实验编号、小组编号、实验人员、指导老师、实验日期等。

5）点击“设置”，确定实验测试参数：转速 n_1、n_2，扭矩 M_1、M_2 等。

6）点击“分析”，确定实验分析所需项目：曲线选项、绘制曲线、打印表格等。

7）启动主电机，进入“实验”。通过软件运行界面的电机转速调节框调节电机速度，使电机转速加快至接近要求转速后，进行加载。

8）若输出转速在100r/min以下，应开动传感器辅助电机，否则可不开动；通过电机负载调节框和手动采样按钮缓慢加载、采样。加载时要缓慢平稳，否则会影响采样的测试精度；待数据显示稳定后，即可进行数据采样；分级加载、分级采样，采集数据10组左右即可。

9）从“分析”中调看参数曲线，确认实验结果。

10）打印实验结果。

11）结束测试。注意逐步卸载，关闭电源开关。

（2）手动操作

1）打开实验台电源总开关和工控机电源开关。

2）按下控制台电源按钮、接通电源，选择手动开动主电机。

3）点击Test显示测试控制系统主界面，熟悉主界面的各项内容；下拉菜单设置部分，根据要求在弹出的“设置报警参数”、“选择实验时应显示的测试参数”对话框中选择报警参数、实验时应显示的测试参数。

4）键入实验教学信息：实验类型、实验编号、小组编号、实验人员、指导老师、实验日期等。

5）点击“设置”，确定实验测试参数：转速 n_1、n_2，扭矩 M_1、M_2 等。

6）点击“分析”，确定实验分析所需项目：曲线选项、绘制曲线、打印表格等。

7）启动主电机，进入“实验”。用操作面板电机转速调节旋钮6调节电机速度，使电动机转速加快至接近要求转速后，进行加载。

8）若输出转速在100r/min以下，应开动传感器辅助电机，否则可不开动；通过转动控制台电流粗调、电流微调按钮缓慢加载、采样。加载时要缓慢平稳，否则会影响采样的测试精度；待数据显示稳定后，即可进行数据采样。分级加载、分级采样，采集数据10组左右即可。

9）从“分析”中调看参数曲线，确认实验结果。

10）打印实验结果。

11）结束测试。注意逐步卸载，关闭电源开关。

3. 实验结果分析

（1）对实验结果进行分析：分析不同机械传动装置传递运动的平稳性和传递动力的效率，分析不同的布置方案对传动性能的影响。

（2）整理实验报告：实验报告的内容主要有测试数据（表）、参数曲线，对实验结果的分析，实验中的新发现、新设想或新建议。

六、思考题

（1）传动功率、转速、传动比、张紧力、润滑、油温等参数对机械传动性能有何影响？

（2）影响“系统”效率的因素是什么？多级机械传动系统方案设计时，应考虑的因素有哪些？

（3）一般情况下，由带传动、链传动等组成的多级机械传动系统中，带传动、链传动如何布置更合理？为什么？

第3章　实　验　报　告

实验1　机构及机构组成认知实验报告

机械设计基础实验报告

姓　　名		专业—班级		学号	
实验日期		组　　别		成绩	

1. 内燃机由哪些机构组成?

2. 平面运动副的种类有哪些?

3. 铰链四杆机构的类型。

4. 齿轮的基本参数有哪些？哪些应取标准值？其国家标准编号是什么？

5. 写出几种机构的名称及其所能实现的传动形式。

6. 小结与建议。

实验2 零件与部件认知实验报告

机械设计基础实验报告

姓　　名		专业—班级		学号	
实验日期		组　　别		成绩	

1. 螺纹连接的防松方法，给出几种螺纹防松方法的简图，要求写出螺纹防松方法的名称及其防松原理。

2. 传动带按截面形式分哪几种类型？

3. 齿轮的失效形式主要有哪几种？

4．常用滚动轴承的类型。

5．轴按承载情况分为哪几种类型？

6．在机械设计中，常用的机械零件有哪些？

7．小结与建议。

实验3 机构测绘实验报告

机械设计基础实验报告

姓　　名		专业—班级		学号	
实验日期		组　　别		成绩	

1. 绘制机械模型的机构运动简图，并分析计算其自由度。

(1) 机构名称：

机构运动简图

自由度计算	各构件的长度	运动是否确定
比例尺 μ_L=		
活动构件数=		
低副数=		
高副数=		
自由度数目=		
原动件数=		

(2) 机构名称：

机构运动简图

自由度计算	各构件的长度	运动是否确定
比例尺 μ_L=		
活动构件数=		
低副数=		
高副数=		
自由度数目=		
原动件数=		

（3）机构名称：

机构运动简图

自由度计算	各构件的长度	运动是否确定
比例尺 μ_L＝		
活动构件数＝		
低副数＝		
高副数＝		
自由度数目＝		
原动件数＝		

（4）机构名称：

机构运动简图

自由度计算	各构件的长度	运动是否确定
比例尺 μ_L＝		
活动构件数＝		
低副数＝		
高副数＝		
自由度数目＝		
原动件数＝		

2. 小结与建议。

实验4 渐开线齿轮的范成实验报告

机械设计基础实验报告

姓　　名		专业—班级		学号	
实验日期		组　　别		成绩	

1. 齿条刀具基本参数及齿坯分度圆半径。

$m=20$，$z=9$，$\alpha=20°$，$h_a^*=1$，$c^*=0.25$，$r=100\text{mm}$

2. 标准齿轮的绘制：根据上面给出的刀具和齿坯的参数进行计算绘制。

计算参数及几何尺寸

项　　目	计算公式	结果（mm）
齿数 z		
基圆半径 r_b		
齿顶圆半径 r_a		
齿根圆半径 r_f		
分度圆齿厚 s		
基圆齿厚 s_b		
齿顶圆齿厚 s_a		

3. 正变位齿轮的绘制：根据1中给出的刀具和齿坯的参数进行计算和绘制。

计算参数及几何尺寸

项　　目	计算公式	结果（mm）
不根切的最小变位系数 x		
移距量 x_m		
齿顶圆半径 r_a		
齿根圆半径 r_f		
分度圆齿厚 s		
基圆齿厚 s_b		
齿顶圆齿厚 s_a		

4. 小结与建议。

实验5 渐开线直齿圆柱齿轮的参数测定实验报告

机械设计基础实验报告

姓　　名		专业—班级		学号	
实验日期		组　　别		成绩	

1. 实验数据记录及处理。

<table>
<tr><td colspan="2">被测齿轮编号</td><td colspan="4"></td><td colspan="4"></td></tr>
<tr><td rowspan="8">测量数据</td><td>齿数 z</td><td colspan="4"></td><td colspan="4"></td></tr>
<tr><td>跨齿数 k</td><td colspan="4"></td><td colspan="4"></td></tr>
<tr><td>测量次数</td><td>1</td><td>2</td><td>3</td><td>平均值</td><td>1</td><td>2</td><td>3</td><td>平均值</td></tr>
<tr><td>W_k（mm）</td><td></td><td></td><td></td><td></td><td></td><td></td><td></td><td></td></tr>
<tr><td>W_{k-1}（mm）</td><td></td><td></td><td></td><td></td><td></td><td></td><td></td><td></td></tr>
<tr><td>d_f（mm）</td><td></td><td></td><td></td><td></td><td></td><td></td><td></td><td></td></tr>
<tr><td>B（mm）</td><td></td><td></td><td></td><td></td><td></td><td></td><td></td><td></td></tr>
<tr><td>d_k（mm）</td><td></td><td></td><td></td><td></td><td></td><td></td><td></td><td></td></tr>
<tr><td rowspan="11">数据处理</td><td>计算项目</td><td colspan="4">计算公式</td><td colspan="4">计算结果</td></tr>
<tr><td>p_b</td><td colspan="4">$p_b = W_k - W_{k-1}$</td><td colspan="2">$p_{b1} =$</td><td colspan="2">$p_{b2} =$</td></tr>
<tr><td>m 和 α</td><td colspan="4">$m = \frac{p_b}{\pi\cos\alpha}$</td><td colspan="2">$m_1 =$
$\alpha_1 =$</td><td colspan="2">$m_2 =$
$\alpha_2 =$</td></tr>
<tr><td>W'_k</td><td colspan="4">由机械零件手册查得</td><td colspan="2">$W'_{k1} =$</td><td colspan="2">$W'_{k2} =$</td></tr>
<tr><td>变位系数 x</td><td colspan="4">$x = \frac{W'_k - W_k}{2m\sin\alpha}$</td><td colspan="2">$x_1 =$</td><td colspan="2">$x_2 =$</td></tr>
<tr><td>h_f</td><td colspan="4">$h_f = \frac{mz - d_f}{2}$</td><td colspan="2">$h_{f1} =$</td><td colspan="2">$h_{f2} =$</td></tr>
<tr><td>h_a^* 和 c^*</td><td colspan="4">$h_f = m(h_a^* + c^*)$</td><td colspan="2">$h_{a1}^* =$
$c_1^* =$</td><td colspan="2">$h_{a2}^* =$
$c_2^* =$</td></tr>
<tr><td>中心距 a</td><td colspan="4">$a = m(z_1 + z_2)/2$</td><td colspan="4">$a =$</td></tr>
<tr><td>实测中心距 a'</td><td colspan="4">$a' = b + \frac{1}{2}(d_{k1} + d_{k2})$</td><td colspan="4">$a' =$</td></tr>
<tr><td>啮合角 α'</td><td colspan="4">$\alpha' = \arccos\left[\frac{m(z_1 + z_2)\cos\alpha}{2a'}\right]$</td><td colspan="4">$\alpha' =$</td></tr>
</table>

2. 小结与建议。

实验6 机构运动参数测量实验报告

机械设计基础实验报告

姓 名		专业—班级		学号	
实验日期		组 别		成绩	

1. 实验记录与理论计算曲线比较

机构类型	运动参数	实测曲线	理论曲线	说 明
曲柄滑块机构	滑块速度			
	滑块加速度			
曲柄导杆机构	滑块速度			
	滑块加速度			

2. 小结与建议。

（实验结果贴图页）

实验 7　机构运动方案创新设计实验报告

机械设计基础实验报告

姓　　名		专业—班级		学号	
实验日期		组　　别		成绩	

1. 绘制实际拼装的机构运动方案简图，并在简图中标识实测的机构运动学尺寸。

2. 简要说明机构杆组的拆组过程，并画出所拆杆组简图。

3. 根据你所拆分的杆组，按不同的顺序进行排列，可能组合的机构运动方案有哪些？要求用简图表示出来，就运动传递情况作方案比较，并简要说明之。

4. 小结与建议。

实验8 带传动实验报告

机械设计基础实验报告

姓　　名		专业—班级		学号	
实验日期		组　　别		成绩	

1. 实验数据记录与处理。

序号	F_0(N)	n_1 (r/min)	n_2 (r/min)	ε	Q_1(N)	Q_2(N)	T_1 (N·mm)	T_2 (N·mm)	η
1									
2									
3									
4									
5									
6									
7									
8									
9									
10									
11									
12									
13									
14									
15									
16									
17									
18									
19									
20									

续表

序号	F_0(N)	n_1 (r/min)	n_2 (r/min)	ε	Q_1(N)	Q_2(N)	T_1 (N·mm)	T_2 (N·mm)	η
21									
22									
23									
24									
25									
26									
27									
28									
29									
30									
31									
32									
33									
34									
35									
36									
37									
38									
39									
40									
41									
42									
43									
44									
45									

注 F_0 为预紧力；n_1、n_2 为主、从动轮转速；ε 为滑动率；Q_1、Q_2 为主、从动轮支反力；T_1、T_2 为主、从动轮转矩 $T_1=Q_1\times L_1$，$T_2=Q_2\times L_2$；η 为效率。

2. 绘制滑动率曲线与效率曲线。

(a) (b)

(c) (d)

3. 小结与建议。

实验9 滑动轴承实验报告

机械设计基础实验报告

姓　　名		专业—班级		学号	
实验日期		组　　别		成绩	

1. 实验数据记录。

序号	F_r(N)	n (r/min)	$t_{进}$(℃)	Δ值	压力表值（MPa）								备注
					1	2	3	4	5	6	7	8	
1													
2													
3													
4													
5													
6													
7													
8													
9													
10													
11													
12													
13													
14													
15													
16													

注　F_r 为轴承所受外载荷；n 为主轴转速；$t_{进}$ 为轴承进口油温（≈加载油腔回油油温）；Δ 值为测力计上显示的转动格数；1～7 为轴承周向压力表序号；8 为轴承轴向压力表号。

2. 实验数据处理。

(1) 轴承周向油膜压力分布曲线。

(2) 轴承轴向油膜压力分布曲线。

(3) 轴承摩擦特性曲线。

序号	p_0(MPa)	F_r(N)	p(N/mm^2)	n(r/min)	t_m(℃)	η_{tm}(Pa·s)	$\lambda=\frac{\eta_{tm}n}{p}$	Δ值	$f=\frac{2LK\Delta}{F_r d}$
1									
2									
3									
4									
5									
6									
7									
8									
9									
10									
11									
12									
13									
14									
15									
16									
17									
18									
19									
20									
21									

注 p_0 为加载油腔的压强；p 为轴承比压；t_m 为轴承平均油温；η_{tm}为 t_m 时润滑油黏度；λ 为轴承摩擦特性系数；f 为轴承摩擦系数。

轴承摩擦特性曲线

3. 小结与建议。

实验 10　轴系结构设计实验报告

机械设计基础实验报告

姓　　名		专业—班级		学号	
实验日期		组　　别		成绩	

1. 绘制轴系结构设计装配图。

2. 以你绘制的装配图为例，说明轴上零件的周向固定和轴向固定的方式。

3. 小结与建议。

实验 11 减速器拆装实验报告

机械设计基础实验报告

姓　　名		专业—班级		学号	
实验日期		组　　别		成绩	

1. 测量的数据。

名　称	符号	减速器型式及尺寸	
		齿轮减速器	蜗杆减速器
地脚螺钉直径	d_f		
轴承旁连接螺栓直径	d_1		
盖与座连接螺栓直径	d_2		
轴承端盖螺钉直径	d_3		
窥视孔螺钉直径	d_4		
机座壁厚	δ		
机盖壁厚	δ_1		
机座凸缘厚度	b		
机盖凸缘厚度	b_1		
机座底凸缘厚度	b_2		
中心距	a		
中心高	H		
轴承端盖外径	D_2		
上箱体筋厚	m_1		
下箱体筋厚	m		
大齿轮顶圆（蜗轮外圆）与箱体内壁距离	Δ		
齿轮端面（蜗轮轮毂）与箱体内壁距离	Δ_1		
定位销直径	d		

2. 写出减速器主要零部件的名称与作用。

序号	名　称	作　用
1		
2		
3		
4		
5		
6		

续表

序号	名　称	作　用
7		
8		
9		
10		
11		
12		
13		
14		
15		

3. 写出所拆减速器的型号与名称。

4. 绘出所拆减速器传动方案简图及设计方案分析。

5. 绘制所拆减速器输出轴系结构装配图。

6. 小结与建议。

实验 12 机械传动系统性能综合测试与分析实验报告

机械设计基础实验报告

姓 名		专业—班级		学号	
实验日期		组 别		成绩	

1. 实验记录。

实验方案框图	
按方案在实验台上搭接，论证可行性	方案①
	方案②
结 论	

2. 实验数据和传动效率曲线图打印。

(1) 方案①

(2) 方案②

3. 小结与建议。

参 考 文 献

[1] 濮良贵，纪名纲主编. 机械设计 [M]. 第8版. 北京：高等教育出版社，2006.
[2] 孙桓，陈作模，葛文杰主编. 机械原理 [M]. 第7版. 北京：高等教育出版社，2006.
[3] 黄华梁，彭文生主编. 机械设计基础 [M]. 第四版. 北京：高等教育出版社，2007.
[4] 齐秀丽，姚贵英，刘元林主编. 机械设计基础 [M]. 徐州：中国矿业大学出版社，2007.
[5] 薛铜龙，王福荣. 机械基础实验室管理与实验教学改革 [J]. 中国现代教育装备，2008，(9)：93～94.